APPROACHES 走近科学 TO SCIENCE

CCTV 10

REN YU DONGWU

人与动物

《走近科学》丛书编委会 编

科学普及出版社

·北 京·

RENYU

图书在版编目(CIP)数据

人与动物/《走进科学》丛书编委会编. —北京：科学普及出版社，2012

（走进科学）

ISBN 978－7－110－06779－6

Ⅰ. 人… Ⅱ. 走… Ⅲ. 人－关系－动物－普及读物 Ⅳ. Q958. 12

中国版本图书馆 CIP 数据核字（2008）第 200097 号

科学普及出版社出版

北京市海淀区中关村南大街 16 号　邮政编码：100081

电话：010-62173865　传真：010-62179148

http://www.cspbooks.com.cn

科学普及出版社发行部发行

北京世汉凌云印刷有限公司印刷

*

开本：720 毫米×1000 毫米 1/16　印张：7　字数：125 千字

2012 年 3 月第 2 版　2012 年 3 月第 1 次印刷

ISBN 978-7-110-06779-6/Q.65

印数：1-5000 册　定价：29.90 元

DONGWU

策划编辑　肖　叶
责任编辑　邓　文
封面设计　少　华
责任校对　张林娜
责任印制　马宇晨
法律顾问　宋润君

REN YU DONGWU

前言

Qian yan

2001年7月，中国中央电视台科教频道（CCTV—10）随着国家“科教兴国”战略的实施应运而生。

科教频道传播现代科学知识，提倡先进教育理念，介绍中国和世界的优秀文化，逐步形成了鲜明的“教育品格，科学品质，文化品位”的频道特色，在社会上赢得了广泛的赞誉。几年来，《探索发现》、《绿色空间》、《人物》、《走近科学》、《天工开物》等众多电视栏目制作播出了大量脍炙人口的节目。这些充满了人类智慧，承载着古今中外文明果实的节目引发了观众对科学的兴趣，引导着观众走近科学。

科教频道播出以来，吸引了越来越多的忠实观众。但电视传播转瞬即逝的局限，也使得许多人无法随自己的方便收视心仪的节目。对他们来说，订阅《走近科学》杂志便成了弥补不能及时收视这一缺憾的选择。

《走近科学》月刊是中国第一本电视科学杂志。它将中央电视台科教频道的优秀电视节目转化为平面媒体，伴随着科教频道的前进，探索了一条跨媒体科学文化传播的新路。

今天，我们又将《走近科学》杂志近年来刊载的最受读者喜爱、关注，最富趣味性和知识性的热点内容——科教频道优秀节目的结晶，分类结集成书，奉献给喜爱科教频道节目和喜爱《走近科学》杂志的广大观众与读者，以感谢你们对科教频道和《走近科学》杂志的厚爱与支持。

编　者

2009年3月

目录

MuLu

- 曾经的敬畏/ 1-3
- 人类的老师/ 4-7
- 利用动物/ 8-10
- 动物的反击/ 11-15
- 继续同行/ 16-18
- 海豚妈妈的苦恼/ 19-21
- 人熊对决（上）/ 22-29
- 人熊对决（下）/ 30-37
- 人雁情缘/ 38-44
- 黑猩猩戒烟记/ 45-49
- 秦亚的童年/ 50-54
- 狗文化 / 55-58
- 狗帮手 / 59-63
- 狗伴侣 / 64-68
- 军马传奇 / 69-73
- 榕城蟒事 / 74-78
- 北极熊复明 / 79-82
- “鸡咕”成家 / 83-86
- 英雄母亲 / 87-90
- 我们都是一家人 / 91-97
- 都市鸮影 / 98-102
- 最后的军鸽 / 103-106

曾经的敬畏

远古时代，在自然和猛兽面前软弱无力的原始人，崇拜强大的飞禽走兽，并把它们作为自己氏族的标志。在敌对和崇拜中，人类走上了与野性同行的道路，开始了一段敬畏动物的幼年岁月。

曾经的敬畏

这张壁画描绘在一场激烈残酷的人与野牛的搏斗中，人倒下了

鳄鱼吞噬人类的壁画充满了人类对动物的敬畏

与野性同行

1.52亿年前，当人类及其他哺乳动物还没出现时，“恐龙”统治地球已将近1.7亿年。然而，这样一群不可思议、异常强大的动物，在6 500万年前白垩纪即将结束时，因为一场至今无法查明的浩劫，突然都死去了。

在恐龙灭亡几百万年后，哺乳类动物占据霸主地位，至今统治着地球。作为灵长类哺乳动物的一种，人类在生物链条的进化中缓缓登上地球舞台的时候，还不是地球的主人，和其他充满野性的动物一样，只是一个平凡的物种。刀耕火种的原始人与动物遭遇，没有绝对的胜与负，凶禽猛兽同样有机会杀死任何一个人。

远古石器时代，原始人类用木炭、红土以及动物的脂肪，精心描绘的壁画和雕刻，栩栩如生地记录了那个时代极其常见的生活场景。

由于原始人类缺乏对自然与动物的充分认识而产生的敬畏，使原始社会的图腾崇拜渐渐形成。

人类将动物奉为神灵——原始巴蜀人的敬畏

远古石器时代的中国巴蜀地区，曾是神秘白虎出没的地方。白虎威猛无比，能轻易地伤人性命，它威严的面容、肃杀的眼神、雄武的身姿和凶猛剽悍的猎杀作风，让弱小的原始人类在恐惧中建立了对这种猛兽的神圣崇拜。在祭祀的日子里，无比虔诚的原始巴蜀人，选取健康强壮的族人肉体，将他们供奉给白虎，祈求宽容。

鸟被奉为族群的神

畏惧的心态，让原始巴蜀人将白虎送上高高的神坛

灵，则是因为人类对它们飞翔能力的敬仰。巴蜀地域四周高山峻岭，多山川河流，鸟是当时人们所知道飞得最高、飞得最远的动物。原始人认为鸟能比翼与天齐。原始人认为是鸟每日在天上驮着太阳游走，飞越最高的山、最高的树，为终日雾霭遮蔽的巴蜀地域带来了光明。

传说中，鸟被用来指代太阳

三星堆遗址出土的器物中，鸟的形象占了动物形象的绝大多数，正是远古以来鸟图腾崇拜的遗存。

西半球的敬畏

同样的畏惧和敬仰，也出现在地球的西半球。

在古老的墨西哥，蛇是随处可见的动物。它们是沉默的杀手，具有欺骗性而且致命，蜿蜒诡异的爬行，迅猛突然的猎杀，都给这里的原始氏族带来极大的恐惧。

在这里，一年分旱季和雨季，蛇在旱季很少出现，但在短暂的雨季来临时，它们就会从沉寂中苏醒，重新在这片大地上四处游走。于是，令人不寒而栗的蛇，成了雨季来临的象征。墨西哥原始氏族尊称蛇为羽蛇神，掌管雨水和丰收，长年祭拜，祈求能够风调雨顺。托尔特克人建造了库库尔坎金字塔，每年春分和秋分两天，太阳直射赤道，白天黑夜等长，由于阳光和阴影的巧合，便在金字塔的支架上映现出一条蛇的形象。

春分、秋分成为全墨西哥人祭祀的日子

古埃及的文化中，蛇同样被赋予命运的寄托。古埃及人认为蛇是不会死的，它每蜕一次皮，就是一次重生。所以，在崇尚长生不老的法老坟墓中，壁画里有很多蛇。

蛇既是法老掌管全埃及人生死大权的标志，也是与来世连接起来的象征

在原始人恐惧和敬仰的复杂情感中，不同的动物在不同的部落“登基”为神。在古老文明中，各个氏族都拥有自己的动物图腾。当“敬畏”上升到对祖先的崇敬和仰慕时，人类便将动物认作自己的祖先。

像“龙的子孙”这样的祖先崇拜，使人类对动物的敬畏达到了顶点

人类将自己奉为万物的主宰神

头脑孕育智慧的人类逐渐将祈求与野性平等的敬畏毁灭。

人类渐渐发现，蛇对人类的恐惧要远比人类对它们的恐惧多得多，动物不再那么神秘和可怕。冶炼技术和铁器的出现是人类崛起的标志，人类与动物势均力敌的时代在烈火对利器的锻造中，不再复返。人对动物战胜力的提升，让动物走下神坛，陆续成为人类奴役的仆人。

牛成为被人驾驭的苦力

蛇成为动物园的展品

在东方，牛成为魔王

在地球新主人出场的时代，人类将自己奉为万物的主宰神，凌驾于其他物种之上。健壮威武的骏马已经不仅仅是运输和代步的工具，更成为人类的坐骑；那些未被驯化的野生动物被任意猎取；人类为了装饰自己，获取象牙、犀牛角成了非洲大象和犀牛必须被屠杀的理由。因为这样的猎取和屠杀，目前动物灭绝的速度比2 000年前要快1 000倍。

当人类摆脱蒙昧，经过野蛮步入文明时代，人的模样逐渐成为神的形象，而动物则更多地成为妖魔鬼怪的化身。奇妙的转变在人与动物之间产生了。

远古的文明早就告诉我们，动物不是人类的仆人，更不是人类的附属品，而是人类的伙伴。从生态学的角度思考，其实每一种生命的存在都有它的理由和权利，都同属于大自然。何况我们人类和其他的物种都有着共同的祖先，唯一的区别只是进化结果不同而已。

在西方，圣经把蛇形容成魔鬼

当人类有了理性，就开始了漫长的向外部世界学习的旅程。在下一集中我们将了解动物的奇妙身份——人类的老师。

人类的老师

人类在与野性同行的数千年时间里，通过向野生动物学习，得以在残酷的自然环境中生存。今天，动物仍旧依据本能生存，而人类却从它们的本能中找到了智慧，很多伟大的发明，正是动物带给人类灵感。

正在袭击猎物的喷水鱼

如果说这个世界上存在着最高智慧，那一定是学习的态度。而这正是人类所拥有的。正是因为拥有了如此的智慧和胸怀，人类才得以在自然界找到立身之本。

学习生存

喷水鱼在进化过程中，创造了奇迹。它的眼睛可以看到水面以外的东西，而且它的大脑还能自动矫正空气与水之间的折射所造成的图像错位，准确地为猎物进行定位。它还懂得弹道学，它颚内的一条凹槽，能够将液体变成一条短而致命的射流。在突袭之前猛然伸缩腮，将水吸进口中，然后通过舌头挤压，以极快的速度，将水喷射出去，将猎物击落到水面。

这种简单高效的方法启发了另外一些捕食者。几个猎人找到猎物，轻轻地向目标靠近，用长长的吹管向猎物发动袭击。吹管的推动装置很简单，正是

吹管的射程很远，是相当有效的武器

借鉴了喷水鱼捕食功能的原理，在舌头的帮助下，气流突然冲出去直射目标，猎物几乎预感不到任何危险，根本来不及逃跑。靠着这个绝密武器，人们获得了生存所需的食物。

苍鹭喜欢在浅滩觅食，鱼类、蛙和昆虫都是它们的至爱。它们的捕食工具很简单，就是用长长的尖嘴，但它们的技术却是一流的。当苍鹭确定捕猎目标之后，它们背对着太阳，一动不动地站在那里，时刻准备着发起进攻。

苍鹭是娴熟的标枪选手

人们制作的捕鱼工具多像苍鹭那长长的尖嘴

在世界各地，人们都在模仿类似的捕鱼方式。

带个救生圈在水中既安全又乐趣盎然

找寻乐趣

动物不但教给人类在艰苦的环境中求生存的技能，还为人们增加生活乐趣提供了指导。

这位老师名叫蟾蜍。这种两栖动物出生于水中，但它们并不能很好地适应水生环境。实际上，它在干燥陆地上，比在用于繁殖的池塘中生活的时间更长，它们的腿和动作，已经适应了陆地行走。但是，它们还是不得不经常经过溪流和池塘，怎么样让自己肥胖的身体不沉下去？它们有自己特殊的装备，这就是隐藏在两腿之间的气囊，虽然很丑陋，但这是很有效的安全装置，使它们不会下沉被淹死，而且还让它们在水中有休息的时间，直到能继续穿越这道障碍。对于不擅长游泳的人类来说，这个简单有效的方法真是一个惊喜。

在水中，蟾蜍自动启动隐藏在两腿之间的气囊

创造文明

从动物身上获得灵感，是人类具有的学习天赋，这使人类最终脱离蛮荒，创造文明。

人类梦想飞行是从鸟类能够翱翔天空得到的启示。1483年意大利人达·芬奇通过观察鸟飞行时翅膀的运动方式和运动规律，制作了第一张模仿鸟飞行的飞行器草图。随后

此后几年，达·芬奇这位伟大的科学预想家画了200多幅关于鸟类研究和飞行器的草图

经过科学家的努力，终于在1894年，德国科学家李林·塔尔第一次使用载人悬挂滑翔机飞了起来。从他留下的设计图纸，可以看到这架改变历史的滑翔机依然是模仿鸟类的样子制作。两年后的一次飞行事故，让这位年轻的科学家过早地辞世。在他的墓碑上，刻着人们对他的称赞：“飞行史上最伟大的老师”。

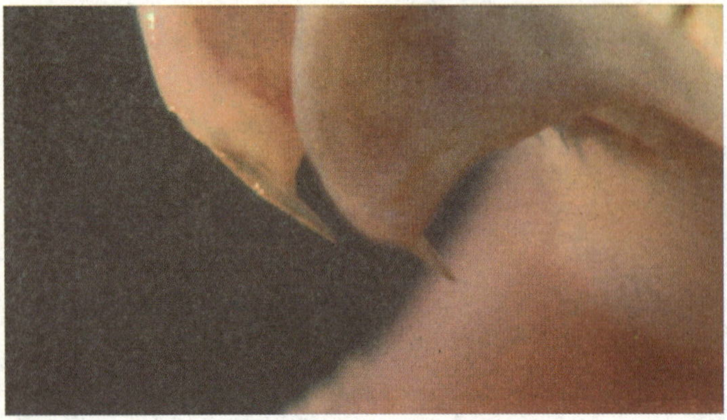
毒蛇的尖牙带孔，能将体内致命的蛇毒注入猎物体内

原始社会中，弱小和无知是当时人类的真实写照。当瘟疫、疾病严重威胁着人类生命的时候，人们只能用巫术祈祷康复。直到15世纪意大利人卡蒂内尔，提出来注射器的原理，情况才发生大的转变。他的发明是受到了毒蛇的启发。毒蛇进攻时可以在瞬间将尖牙刺入猎物体内，然后用活塞式的肌肉，将体内毒液注入带孔的尖牙。这一切都发生在几秒之内，当猎物因中毒停止了呼吸，蛇才将猎物吞下去。因为几乎90%的蛇都是不能分泌毒液的，所以毒蛇就尤其令人不寒而栗。多亏这种从毒蛇身上学到的注射方式，各种疫苗和抗生素，才以最直接的方式进入人们的身体，拯救了很多生命。

昆虫用于控制行为的大脑非常小，但它们依然非常聪明，优势就在于大脑简洁高效。这正是人类在这个越来越复杂的社会最需要学习的。蝗虫都是以庞大的集群飞行，但它们彼此之间会保持30厘米左右的距离，以避免冲撞。人们就在蝗虫身上安置了传感线路，发现它会对那些近距离冲击画面做出快速而准确的反应，就好像它看到了蝗虫群中的其他伙伴一样。它所产生的微弱电脉冲信号，被人类监控、接收、记录……这种快速反应机制非常适合应用到汽车的回避系统上。2005年我国共发生交通事故45万多起，造成9.8万人死亡。也许给我们的汽车装上一个类似蝗虫大脑的装置，人类社会越来越拥挤的交通能得到一些改善。

大猩猩是灵长类中体型最大、最纯粹的素食主义者。它们食量巨大，但从不会把树木啃秃。大猩猩从不固守一地，它们走走停停，在游荡中采食，还没等到把一棵树、一片灌丛的树叶吃完，就又迁向新的采食地。它们似乎知

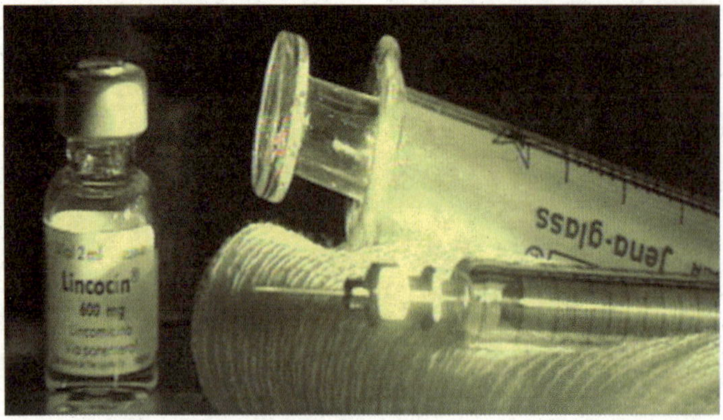

19世纪中叶，注射开始被人类应用于医疗领域

一只蝗虫被固定在一个舒服的位置上观看“星球大战”

道如果长期滞留在一个地方，把树木、果实一律剥光吃净，就会导致因过度开采而造成的资源枯竭。植物的死亡就意味着食物的断绝，因此大猩猩总是适可而止地采食树叶。人类传统农牧业的轮耕、游牧，正体现着这种持续利用资源的生存智慧，与大猩猩走走吃吃的方式有异曲同工之妙。工业革命以来，人类对自然资源掠夺式的采伐开垦、为了商业目的杀鸡取卵式的猎杀活动，大大超出了生态环境的承受能力。人类要向动物学习的不仅仅是技能，更是一种与自然和谐相处的态度。

人类就是这样在对动物的学习中，一点点成长、完善起来。今天大自然依然是人类最大的挑战，面对这些，我们也只有向自然寻求解决之道。

其实人类无论科技发展到如何高的水平，还是能不断地从动物身上发现很多很多奥秘的。下篇请看聪明的人类如何利用了动物本身的天赋，完成了许多匪夷所思的任务。

一位哲人说，人类足迹所到之处，身后留下的是一片荒漠，而荒漠，正是生命的地狱

利用动物

人类有过多的欲望和梦想，却没有上天入地的天赋异禀，利用动物来替代人类进行艰苦的工作甚至人力所不能及的工作，已经有近万年的历史了。

1961年，完成了200多小时训练的黑猩猩哈姆，乘坐美国的“水星”飞船进入太空。10天后，它安全地返回了地球，而且活到了1983年1月

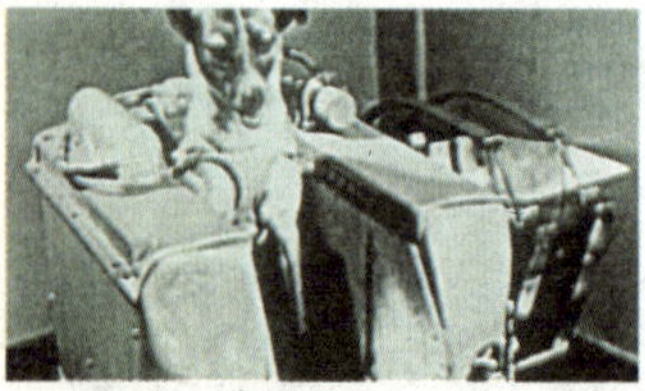

1957年小狗“莱伊卡”跟随前苏联卫星“旅行者2号”发射进入太空，不幸的是6天后，它在卫星舱里死去

在人类利用动物的近万年的历史中，辕马、耕牛、信鸽已经成为被人们驯化，从事人类日常活动的特殊工具。当人们产生探索宇宙奥秘的愿望后，对于进入太空旅行的一系列无法预计危险的未知领域，动物更是被人们当成最好的敢死队，代替人类先进入了飞行器。科学家们通过对动物的监控，才了解了太空环境并分析出人类进入太空的可能性。

在人类面对穿越丛林或者沙漠这种超越人类体能极限的活动时，又想起了一种动物——骆驼。人类最初驯养骆驼大约是在4 000年前。骆驼用驼峰储存脂肪，然后缓缓地消耗，可以支撑许多天的行动。它的皮毛可以绝热并控制

组图：人们发现骆驼能够生活在世界上最荒凉的角落，这是在极限环境中的生存冠军

水分的蒸发，即使失掉占体重25%到30%的水分，骆驼仍然可以生存，而人类在失掉占体重10%到12%的水分时就会死亡。人类穿行在沙漠中，需要这些沙漠之舟的帮助。

阿拉伯人发现骆驼的军事潜力要追溯到几百年前。最初，马是驰骋疆场的战骑。马是这个世界上把速度、力量奇妙结合在一起的生命，它生来就会奔跑，巨大的心脏、修长的腿和结实的肌肉使它能

在第一次世界大战中，英国向欧洲派出了100万匹马，而最后只有6万匹重新踏上了祖国的土地

够以每小时64千米的速度急驰。它们是奔跑着的机器。当人们需要一副杀人机器，马就成了战争中最大的牺牲品。但是阿拉伯人发现骆驼的速度不逊于马。在第一次世界大战中，一名英国军人托马斯·爱德华·劳伦斯将阿拉伯各个部落联合起来组成骆驼骑兵，战胜了土耳其人。

在现代高度智能化的战争中，人类对动物潜能

组图：托马斯·爱德华·劳伦斯和他的骆驼骑兵

的开发，进入了一个充满想象力的时代。“二战”期间，美国曾计划实施最高机密级的X射线计划偷袭东京。他们计划将小型燃烧弹捆绑在蝙蝠的身上，在夜间用降落伞把大批蝙蝠投落到敌区，让蝙蝠身上的燃烧弹随着蝙蝠的飞翔，到处散落引爆，引发东京满城大火。蝙蝠全身呈黑灰色，是夜间活动的动物，黑夜正是它的掩护。蝙蝠的口鼻部长着一种奇特的超声波装置，能连续不断地发出高频率超声波，如果碰到障碍物或猎物，反射的超声波就能被蝙蝠的大耳廓接收，蝙蝠不仅能判别方向，为自身飞行路线定位，还能辨别不同的障碍物和猎物，进行有效的回避或追捕。导致该计划被放弃的原因是美国人

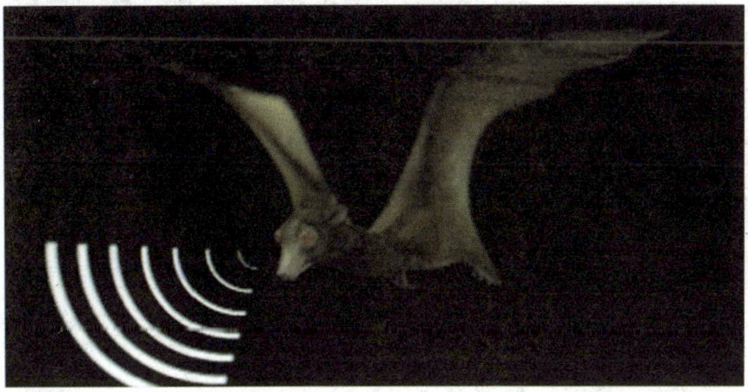

蝙蝠有“活雷达”之称，具有偷袭的天赋

对人类而言这是个奇迹，而对于它们来说这只不过是跟吃饭睡觉一样的普通生活

最后选择引爆原子弹。

其实，人和动物的关系并不总是在充满血腥的战场上。在古老的年代，人们曾经对动物充满着美好的幻想。由于200年前一群牛惹出的巨大麻烦，人类才认识了蜣螂这种小动物的神奇力量。19世纪初，殖民者把一批牛引进澳大利亚，牛迅猛繁殖，产生的粪便覆盖了整个澳洲大陆。1966年，终于有人发现了失落的环节，将蜣螂引进澳洲。几年过后，这些小动物已经必须要等待新鲜牛粪落地才有工作做。

古埃及人传说，是一位巨大的天神一直推动着地球的旋转，而这位巨大的天神是蜣螂

蜣螂确实在推动地球，因为它们推动了整个地球生态的循环。

在这个世界上，昆虫以绝对优势的数量与我们同居。一望无际的农田里，开花的庄稼都在等待授粉，野生蜜蜂很少问津，农夫们开始向驯化了的昆虫求援。一辆卡车将2 400万只蜜蜂运来，它们每天可以满足1 000万朵花授粉的需求。人和蜜蜂合作的结果是人类获得农业的丰收，并收获了花粉和蜂蜜。人类贪念又起，为了获得更多的蜂蜜，他们让非洲野毒蜂与人工蜂杂交，结果使一个恶魔诞生了。1957年杀人蜂在美国登陆。这是一个组织严密，带着翅膀和毒针的杀人团伙，只要有一只蜜蜂被激怒，意味着一场战争将开始。杀人蜂已经被证明无法驯化，而且蔓延的速度和范围都远远超出我们的预期。

人类用尽一切办法利用动物，但最终的结果可能是我们难以承受的灾难。动物到底是恶魔还是可人儿，人们无法回答。但有一点可以肯定，只要人类还有渴望，人类对动物的利用之路就没有尽头。

组图：狂怒的杀人蜂群集起来，可以致人于死地

杀人蜂不断地提醒人类：是你们把我们带来这个世界，而我们和人类还将继续共存下去

动物的反击

多少年来似乎是人类一直在控制着动物的生命。然而，“非典”和禽流感的爆发让现代的人们感受到动物真正的凶猛，这些疾病似乎是动物向人们暗示彼此之间微妙的关系，是向人类再次发出的警告。

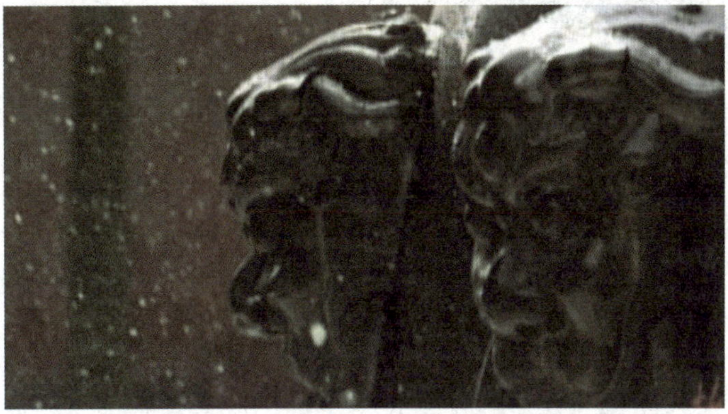

最近几百年，人类的数量在迅速地膨胀，而动物的数量却以惊人的速度减少甚至灭绝。动物世界已经开始向人类发动了进攻，疾病成为动物反击人类的方式。瑞典病理学家福尔克·汉申说过，人类的历史就是疾病的历史。而人类历史上几乎每一次大规模流行的瘟疫，都与动物有关。

人体本身包含多个生态系统，每套系统都存活着人类的死敌。透过放大镜，可以看到我们身体上的毛发很适合一些生物居住。我们的头发中还会有白虱，正常数目在20只左右，糟糕的情况会有成千上万。还有一些隐匿的小生物，家族庞大，吸我们的血，侵蚀我们的皮肤，对它们来说无论多么美好的人体都只是它们的一个食品库。

扁虱的头部天生就是要扣死在我们的表皮上

苍蝇经常侵犯我们的食物，它们在上面到处乱爬，不仅分享人类的美食，还污染了这一切。每只苍蝇的腿上都可以携带100种不同病菌，它只需降落在食物上稍事休息就可以留下各种各样祸根——伤寒、痢疾、霍乱，它们所留下的脏脚印里可以生长出数以百万的病菌。苍蝇、蟑螂等以最顽强的生命力向人类传播着致命病原体。

可能蚊子才是人类最应该仇视的最强的动物杀手。蚊子是致命病菌的理想携带者，它会带着无法单独存活的病菌到处游荡。这种飞翔的病原体播种机有着非常敏锐的嗅觉，可以依靠多种信号在百米以外就追踪到人。人的呼气、汗液还有很多其他的气味都在诱惑雌性蚊子，黑暗也无法阻止它的进攻，当距离接近的时候它会切换到热追踪系统，导引它在人的血流最贴近皮肤的地方降落，一顿美餐正在召唤它。

每年，仅疟疾一项，就有300万人被蚊子传染。在

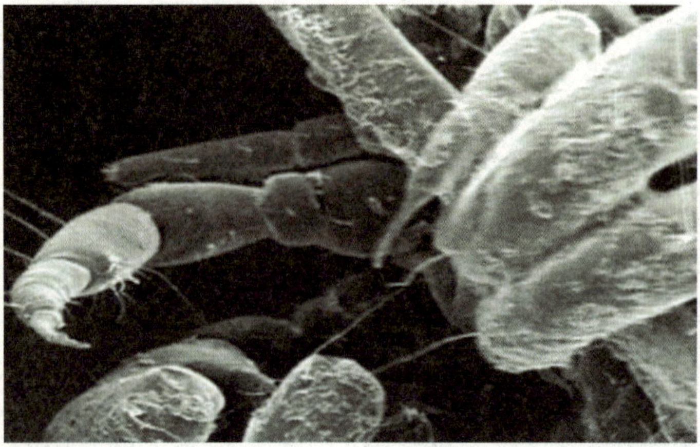

阴虱的爪子就是专门为人类而设计的

美国哈佛大学疫病防治中心，记录了蚊子所携带的众多疫病，其中远不止疟疾。一种埃及阿代斯蚊可以同时携带登革热和黄热病流窜世界各地。它和蟑螂、苍蝇一样几乎遍布全球。

蚊子离人类近在咫尺。人类让居住的城市尽量整饬清洁，希望可以远离它们。但是1999年，一场突发的灾难使这一梦想完全破灭。一种叫做西尼罗热的致命脑炎，在纽约突然爆发性流行，1个月中便有7人不治身亡。居民突然要面对这个看似弱小，却非常致命的入侵者。病毒乘着蚊子的翅膀，跨越了边界。而人类没有翅膀，他们只能借助于一些飞行机器，与蚊子作战。大量的直升飞机与卡车加入到了纽约市民对抗脑炎的队伍中。它们喷洒杀虫剂，尽最大可能地消灭蚊子。

这场战争将长久进行下去。摆脱动物病毒的困扰只能作为人类单方面的梦想。我们无力改变这个现实。因为除了飞翔，动物们总能找到别的办法将致病生物送到人类身上。而人类的通商、传教和战争，人口的迁徙和流动，都是瘟疫的播种机。

动物传播疾病竟是一个古老的话题

比苍蝇、蚊子小得多的吸血类昆虫曾经把人类逼上了绝境。最早记录出现在《圣经》中，腓尼斯人征服了以色列人，可自己却被鼠疫给灭亡了，疾病改写了这个帝国的历史。

爆发在公元541年的鼠疫，把整个南欧送进了地狱，只有65%的人幸存。公元14世纪，鼠疫再次袭击了欧洲。1346年，成吉思汗的庞大蒙古帝国在贸易往来中，在位临亚速海和黑海边的克里木半岛上的卡法城和意大利商人爆发了战争。蒙古人将患鼠疫死亡的士兵尸体一个接

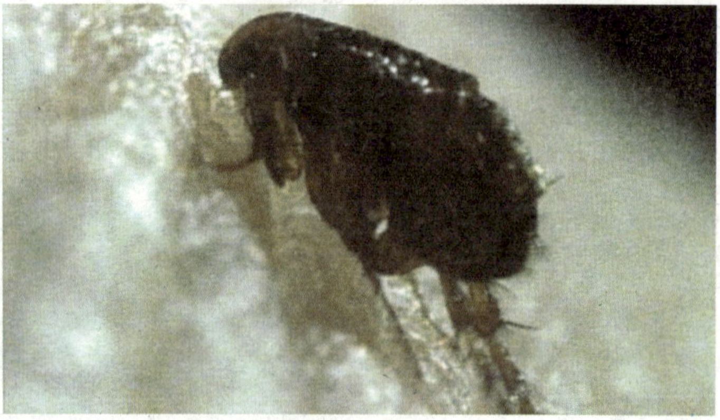

跳蚤可能是人类历史上最古老的瘟疫的传播者

虱子吸血前

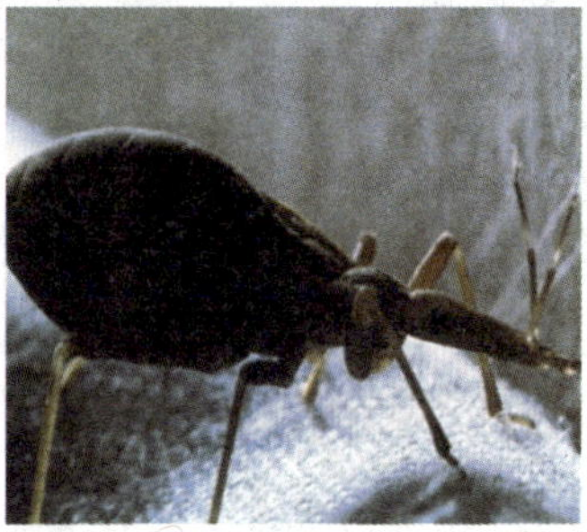
虱子吸血后

一个地抛进卡法城，几天之后瘟疫就在卡法城里蔓延。未患病的人们仓皇出城乘船出逃，但他们没有想到城中的老鼠带着身上的跳蚤，一同爬上了缆绳。在漫长的航程中，鼠疫袭击了船上所有的人。帆船从一个港口驶向另一个港口，看到船上的人奄奄一息，沿途没有一个港口允许它靠岸，最终浪漫与宽容气息浓厚的马赛港接受了它，当第一条缆绳刚刚拴在码头的时候，老鼠便已经夺路上岸。这短暂的停留把鼠疫这头恶魔引入了法兰西。卡法城里携带跳蚤的老鼠也随着意大利商船抵达南欧。最终，这场瘟疫兵分三路，一路进入西班牙西南部，一路进入法兰西北部平原区和刚刚被英格兰占领的加莱，另一路进入奥地利最后传入罗马帝国境内。1349年春天鼠疫从加莱进入海峡群岛，当1351年疫情得到控制之时，英伦三岛和爱尔兰已经损失了总人口的40%左右，远远高于它们在英法百年战争中的总损失。1349年5月，一艘英国商船又远渡重洋，把鼠疫带到了斯堪地纳维亚，以极高的效率将它散布到德意志和波兰北部，甚至格陵兰岛都因此遭了殃：长期在冰天雪地中苦苦挣扎的当地居民得不到欧洲救援，没有一个活过1350年。

当时的欧洲陷入了极度的恐慌，不知所措的人们认为这是上帝的降罪。当人们拥挤在狭小的教堂里祈求上帝的宽恕时，密集的人口恰恰加快了这种瘟疫的传播，这是个不幸的巧合。这两次瘟疫让欧洲长久地陷入了暴力与掠夺。

1644年的北京，对于瘟疫，人们更相信这是一个王朝气数已尽的预兆。风雨飘摇的大明王朝后期，一场大疫从北方开始流行，北京城里许多人咳嗽。这次的瘟疫(鼠疫)席卷了明朝的军队，北京城墙平均每三个垛口才有一个羸弱的士兵守卫。李自成发兵攻打京城，发现北京几乎不攻自破，连他自己都不敢相信就这样轻易地进了北京。

动物传播疾病的警报并未解除

人们对鼠疫完全不了解，更不会知道它和老鼠、跳蚤之间的联系。一直到1894年这种瘟疫才获得了破解，法国细菌学家耶尔森在研究中发现了这种疾病的病原体。直到今天人们才最终确定了鼠疫的传播途径：是老鼠身上的跳蚤把病菌传播给了人类。

现代医学的进步让我们暂时告别了一些古老的瘟疫，但是我们仍旧无法消除它的携带者。在组

广州市疾控中心与国家疾控中心、香港大学合作于2004年在世界上第一次找到果子狸与SARS病毒的关联

约，估计老鼠的数量达到了平均每人至少拥有一只；1980年加利福尼亚的一名教师突然死于鼠疫；疫病防治中心的科学家们在圣地亚哥露营地发现12只松鼠携带鼠疫病菌的测试结果呈阳性，跳蚤又找到了新的宿主。动物和动物之间就是这么互相帮助，互相掩护，始终没有放弃向人类反击。

明末北京大瘟疫过去了359个春天，动物伺机以待，在最合适的时间又

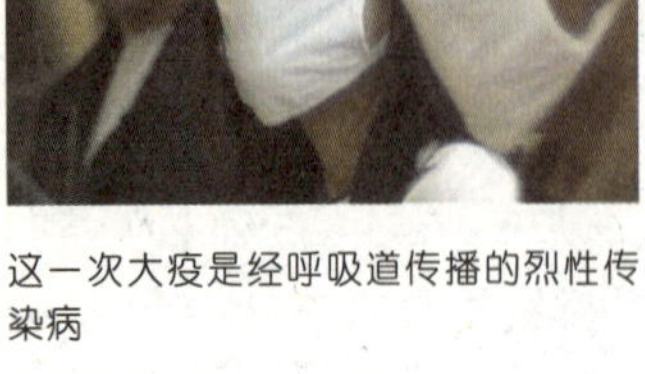

这一次大疫是经呼吸道传播的烈性传染病

发动了攻击。2003年北京再一次全城大疫，全国上下展开了一场抗击“非典（SARS）”的全民大战。

来自非洲绿猴的艾滋病病毒

1981年6月5日，美国亚特兰大市疾病控制中心的《发病率与死亡率周刊》刊登了一篇只有几页的报告，简要介绍了5位病人的病史。他们本来很健康，但得了一种十分罕见的威胁生命的疾病。5个病人共同特点是：发烧、咳嗽，患卡氏肺囊虫肺炎。第一位病人于1981年5月3日死亡。这就是世界上首例报道的艾滋病死亡患者。

卫生部门感到惊恐，立即成立了由免疫学家、病毒学家、流行病学家、寄生虫学家和毒物学家组成的研究和跟踪小组。他们从患者身上取出淋巴结组织进行培养，并采取有利于病毒繁殖的措施，发现了艾滋病病原——“人类免疫缺陷病毒”。由此病毒引起的病被称作“获得性免疫缺陷综合征”，简称“艾滋病”。

科学家认为艾滋病可能起源于非洲的绿猴

这种病毒是从哪里来的呢？有人发现：非洲丛林中，有人患怪病死去，其症状与美国那5个人很相似。这个发现引起了科学家的警觉并开始在非洲追踪艾滋病的起源。他们又发现当地土著居民喜欢捕捉食用一种长尾绿猴。美国学者随后对67只绿猴进行了检验，40%的绿猴携带艾滋病病毒。进一步的检验发现，在扎伊尔和乌干达的居民中，有10%的人

疯牛病、口蹄疫发生后大批的牲畜被消灭

艾滋病病毒抗体检验呈阳性反应。

那么艾滋病病毒是如何进入人类社会的呢？1999年，德国的三位生化学家认为，野生猴类或猩猩中其实有很多已经感染上艾滋病病毒，虽然它们对病毒具有免疫力，本身不会生病，但一种靠吸血为生的马厩蝇会吸食它们的血液，马厩蝇再叮咬捕猴的人类，对艾滋病病毒完全没有免疫力的人类就成了最终的受难者。马厩蝇是可怕的艾滋病病毒传播者。但人类遭受重创则完全是咎由自取。

大自然的警告

人类和动物之间的相互屠杀从来没有停止过。人类每一次爆发瘟疫，对动物的灭绝运动也就掀开了新的一幕。在没能根治疾病之前，人类能做的只是疯狂消灭疾病的源头。《左传》记载：早在春秋时期人们就开始扑杀患有狂犬病的狗；1997年香港爆发禽流感，3天之内人们宰杀150万只鸡；2005年日本一个县因为禽流感下令屠鸡8万多只。在拯救更多人类性命的名义下，数以百万计的动物生命被牺牲了。

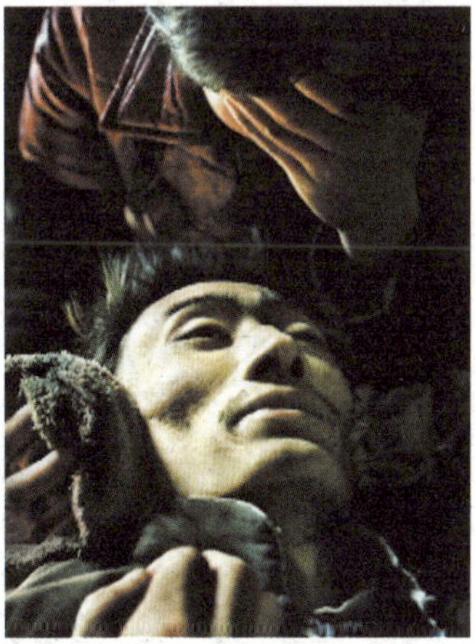
妻子陪伴在已是艾滋病晚期的丈夫身边

20世纪抗生素的发明让人类具有了掌控天花的能力，这是人类文明的硕果。随着20世纪80年代天花病灭迹，曾有研究人员相信传染病的威胁已成为历史。而实际上人类脆弱的生命所面临的风险并没有缓解，传染病病菌进化的速度非常快，它同人类新药物的研制进行着赛跑。虽然医学也在不断进步，但人类不得不在这样无奈的赛跑中同动物传播的疾病进行着殊死搏斗。

人类对环境进一步的破坏使动物凶相毕露地携载藏在大自然深处的原始病菌，超越国界进行肆意传播。从1981年发现第一例艾滋病患者，到现在仅仅20多年，全球艾滋病患者和病毒携带者人数已近4 000万。大自然就是以这样越来越精妙的方式对人类进行着残酷的警告——动物还会如何改写人类的历史？我们无法预计。

继续同行

动物们总是被迫离开它们最初居住的家园，另觅住处。它们改变环境的能力微薄弱小，但是它们改变自己的能力却是非常巨大。人们在赞叹动物适应能力的同时，是否能够对存活到今天的生命都给予一份尊敬？我们与之同行了几千年的野性生命，更需要我们的包容和保护。

狐狸是幸运的也是不幸的，虽然它存活下来却失去了自己的家园，只能寄居在人类的世界里

动物们一直在严酷险恶的环境中挣扎求生，尤其是近几百年来它们所依赖的环境还承受着来自人类的干预和破坏。虽然生命面对严酷环境时所表现出的坚韧，绝不是人类所独有的，但是动物们所表现出的适应性还是令人吃惊。

开辟新的家园

随着人类的扩张，野生动物昔日的家园被人类占为己有，无处藏身的它们面对这样的现实，到哪里再给自己找一个家呢？它们不得不展开奇思妙想，四处寻找安身的地方。

狐狸是英国最著名的乡村流浪者。它们智商高、爱冒险，现在它们已经适应了住在城市边缘的生活。垃圾填埋场里的蟋蟀很多，这成为小狐狸成长的主要食物。英国每年大约有50万只狐狸幼崽降生，因此在垃圾填埋场食物依然短缺，成长中的小狐狸要为食物竞争，只有最健壮的、适应性最强的才能活下来。

今天在这个地带生活着500只红隼，其中150对正在哺育后代

红隼的适应能力不如狐狸，它们用了较长的时间学习在陌生的环境中生活。20世纪30年代，这种鸟在英国只剩下屈指可数的几只，如今它们也在城市里安了家。英国铁路网有长达3.2万千米的铁轨，铁轨两边有48平方千米的边缘地带，这给红隼的生存带来了希望。

组图：5月的花给年幼的蜘蛛提供了生存的环境

从18世纪到19世纪，在英国，人们为了分割田地，种植了长达32万千米长的灌木树篱。那些因森林被夷为平地而失去家园的林地动物，把灌木树篱当作它们新的庇护场所。灌木树篱为小动物直接提供了食物，它们的生存也间接支持着体型更大的动物。

典型的林地动物苍头燕雀可以在田野中的灌木树篱中找到丰美的食物

动物的适应能力令人惊异。面对变幻莫测的环境，它们没有选择的权利，唯一能做的就是利用自己的智慧来适应这一切的变化。

人类的醒悟

人类作为地球统治者，千百年来一直在破坏动物的家园，现在人类也试图做些什么来挽回曾经对动物的伤害。

在西伯利亚的一个小山庄，人和动物的矛盾时有发生。由于栖息地和食物的减少，一些西伯利亚虎不得不冒着危险来到村庄寻找食物。一只雌虎躲到农夫家的地下室里近10个小时，因为这个村庄有很多狗染上了狂犬病，这只老虎吃过这里的狗，人们担心这只老虎正在生病，否则它早该冲出来了。农夫的妻子坚信这只老虎来到这里是为了寻求帮助，她通知老虎救援小组带着射手和麻醉飞镖赶来营救。1个多小时后，一只两岁左右的雌虎被抬了出来，它果然在生病，身体非常虚弱。专业人员为它检查了身体，又给它喂了些食物，但是由于严重的犬瘟热它还是死去了。

这是一个让人伤感的结局，但是农夫一家的做法鼓励了老虎救援小组，他们以试着帮助西伯利亚虎生存的计划，代替了以往任其自生自灭、任其让偷猎者捕杀或将它们卖掉的做法。那种残忍的偷猎贸易将使现存的350只野生成年西伯利亚虎很快消失，所幸的是，人们没有让这样的悲剧发生。政府组织以及民众都行动起来并取得了可观的成果。

继续同行

世界各地的动物保护主义者，都在尽全力拯救濒危野生动物，令人欣慰的是乔治·沙勒的行为让

组图：人们的努力使得这种华丽的大猫继续成为森林之王

乔治·沙勒不但没有受到大猩猩的攻击，而且还走进了大猩猩的内心世界

人们找到了对野生动物更好、更实用的保护方式。

50年前，大猩猩还被认为是残暴的动物，是人类遇到的最可怕的魔鬼。现在，在卢旺达、乌干达和刚果民主共和国的边界线上，有两个被茫茫人海包围的森林小岛，那里就是650只幸存的高山大猩猩唯一的家。乔治·沙勒走进高山大猩猩的家，成为第一个敢不带武器去接近大猩猩的人。为了挽救大猩猩，乔治·沙勒和艾米·维达一起发展景区旅游，他们小心翼翼地使一些高山大猩猩习惯与人接触。很快，卢旺达人民就开始以拥有高山大猩猩而骄傲与自豪。他们开始自发地保护高山大猩猩的家园。与此同时，生态旅游业的发展也成为这个国家第三大外汇来源。

如果没有乔治·沙勒1959年发起的保护野生动物的运动，可能今天的高山大猩猩只能活在人们的记忆中了。

为了拯救濒危的中国大熊猫，作为纽约动物学会的熊猫专家，乔治·沙勒又积极参与了救助行动，并写出《最后的熊猫》一书，引起了国际社会的关注。他还在从阿拉斯加到西藏的辽阔区域内，帮助美洲虎、羚羊等野生动物建立起了自然保护区。乔治·沙勒从揭开高山大猩猩的生活习性开始，逐渐成为世界著名的保护野生动物的生物学家。在每一个主要的项目完成之后，乔治·沙勒就回到他在森林中的办公室，把他所有的发现都写下来，以留给全世界共享。乔治·沙勒说："我喜欢开发新的、美丽的地区，研究新的物种，给它们留下历史或者说让它们有进化的历史。我希望这并不是野生动物的讣告，如果我们懂得动物，如果我们尊重它们、同情它们，它们同时也会给我们人类相应的回报。否则的话，许多地球上的珍宝将慢慢地、悄悄地消失。"

1980年，乔治·沙勒成为第一个获准与中国科学家一起研究大熊猫的西方人

在这个越来越拥挤的世界里，动物们有权利和人类一起分享地球上的一切，但它们只要求一个很小的生活空间。人们如果能竭力保护野生动物，为它们的生存赢得宝贵的时间，这也是给人类自己提供一个机会——给动物伙伴生存所必需的一切，人类才能与野性继续同行，世界上的生命才能多一点精彩。

海豚妈妈的苦恼

海豚是人类的朋友，海洋是它们的幸福家园。然而人类为了自身的需要，硬生生地将一些海豚驱离大海。有这样一只海豚，它的爸爸妈妈出生在水族馆，它自己也出生在水族馆，从未见过真正的大海。悠然间，它已长大到了谈婚论嫁的年龄，为了拥有一个幸福完美的家，陷入了一段浪漫的爱情旋涡。那么，谁会成为它的丈夫，它会有一个健康的孩子吗？

海豚是人类的朋友

海豚是对人类十分友善的海洋类动物，人类也把海豚当作朋友。在世界各地的海洋馆，都能看到海豚进行精彩的表演。

2004年11月26日，深圳海洋世界水族馆一只名叫奇奇的雌海豚产下一只可爱的小海豚。这是中国大陆第一次在人工环境下繁育成功的小海豚。为了这一天的到来，雌海豚奇奇和海洋馆的工作人员早在一年前就开始忙开了。

2003年5月，海豚奇奇突然出现了一些反常的举动：脾气变得比较急躁，食欲不好，对鱼的兴趣不大，表演也就不太好。但精神却异常旺盛，在水里不停地游动、炸水。一连几天都是这样。驯兽师觉察到奇奇已经性成熟了，它在寻求自己的配偶。

奇奇出生在台湾的一家海洋馆里，从降生以来从未见过大海。1997年，两岁半的奇奇随表演团来到了深圳，从此便定居在这里。为奇奇选择配偶，要具备两个条件，一要适合观赏，二是要容易与人交流。可是，就是驯兽员能够照此条件找来一只公海豚的话，那还得看奇奇愿不愿意呢。

因为在我国的一家海洋馆里，就曾发生过一件令人听起来就落泪的故事。一只身材比较短小的雌海豚到了发情期，人们给它找到一只配偶。但由于那只公海豚体型过大，这只雌海豚特别害怕。结果，这只雌海豚采取了一 种极端的措施：撞壁自杀而死。所以在海豚世界里，“包办婚姻”也是行不通的。

如果海豚奇奇生长在海洋这个自然环境中，情况又不一样了。海豚是一种群居动物，雌海豚不会对一只伴侣从一而终，它会同时与几只异性海豚保持亲密的关系。可是在水族馆这个小环境里，奇奇会选择谁呢？它只能选择一个跟它自己相匹配的、一个地理区域的品种来进行交配，因为这是合乎自然规律的。

舞蹈、天天、宝宝是生活在这个水族馆里的3只公海豚。它们与奇奇共同生活了近8年，朝夕相处，彼此之间有了深厚的感情。而舞蹈是最佳对象，因为舞蹈和奇奇同族同宗，又是一起从台湾来的，应当可以很自然地走到一起。

果然，初次恋爱的奇奇很快便坠入了爱河。奇奇和舞蹈肌肤相蹭，前肢相碰，一同游泳，上下交错。嘴中发出“哒哒”的声音。当然，海豚嘴里发出的声音只有海豚之间能听见。它们的这种发出和接收声音的能力被叫做回声定位系统，也就是生物学上的声纳。有了这样的声音，海豚和驯兽员才可以进行一次次完美的合作。

从遗传学的角度来看，公海豚舞蹈是比较适合做雌海豚奇奇的配偶。因为它们都是瓶鼻海豚，而且来自同一个地方，从小就一起在海洋馆里进行表演，彼此非常熟悉，是天造地设的一对。就在奇奇和舞蹈婚恋5个月之后，工作人员发现奇奇怀孕了。它的腹部明显异常，做例行血液检查，发现激素指标有些变化。这就说明，一个小生命孕育了。

可是，事情并不是这么简单。就像我们人类，如果遗传方面有问题会造成后代不健康。另外怀孕期间吃了什么药物，或者是营养跟不上，也会给后代造成影响。为此，工作人员对奇奇格外关照，小心翼翼，生怕出现任何意外。

在自然界的海洋环境中，如果有雌海豚要分娩，家族中的其他雌性都会前来帮忙。但在海洋馆这个特殊的环境里，奇奇只能依靠自己的能力来生下小海豚了。海豚的幼子必须产在水中，并要被及时托

刚降生的瓶鼻小海豚模样多可爱

海豚精彩的表演令人陶醉

出水面，否则会被呛死或憋死。那么小家伙能否顺利降生呢?

这天凌晨，奇奇开始产仔了。小海豚的尾鳍先产出，然后慢慢地头出来了，半个多小时后，整个小海豚生下来了。小家伙身长七八十厘米，在水里游得很快。

工作人员多次看到小海豚紧靠妈妈的腹部游动，好像在找妈妈的乳头吃奶。这让工作人员看到了在人工环境下成功繁育海豚的希望。

但是，小海豚游泳的姿势有点不大正常，好像有点抽搐的感觉，游得不是很直，不是很协调。人们的担心并非是多余的，因为小海豚的妈妈毕竟是出生并成长在水族馆里，它身体的各种机能到底有没有变化，这些都不得而知。

不久，人们最不愿意看到的事情还是发生了，一个还未来得及取名的小生命，在来到这个世界仅仅36小时之后，就告别它妈妈而去。如果它顺利成长，应该能够活到25岁。此时，因为痛失爱子，奇奇心情非常忧郁，它的身体状况也无法得到及时恢复。

难过的还有工作人员，他们为这只小海豚的降生，付出了不少的努力。人们在悲伤之余，更多的是考虑这样一个问题，是什么原因导致这只小海豚夭折呢?

实际上小海豚在夭折之前，它的喙部已经撞到墙壁受伤，红肿发炎。那么，它仅仅是因为身体虚弱，无力游动才撞壁而死的吗?假如是这样，这其中的原因又会是什么呢？人们对小海豚的尸体进行了病理解剖。对于小海豚夭折的具体原因，人们还在探究之中。

据分析，在自然环境下生长的海豚是比较健康的。而在人工环境下，它的各种功能会有一些退化，特别是作为人工环境下第三代的小海豚，遗传方面可能先天有些不足。

一个小生命就这样悄然无息地走了，它给雌海豚奇奇留下了太多的悲伤，同时也给我们人类留下了很多的思考。

你看它是不是很通人性呀

人类为了保护濒临灭绝的野生动物，恢复其种群数量，常常从野外捕获一定数量的野生动物送到人工环境中繁育，进行研究。然而如何避免人工繁育的环境下野生动物可能会出现的种种问题，比如基因的退化，比如整个种群的退化等等，都需要进行更加深入细致的探索。

人熊对决（上）

熊，作为地球上最古老的动物之一，它历经了大自然三千多万年的风霜雪雨，并从它的视角目睹了人类的诞生和繁衍。它曾接受过人类的顶礼膜拜，也曾与人类进行过殊死的较量，无奈，数不清的令人唏嘘的血腥导致了强弱颠覆性的逆转。

最终，熊沦为了人类残忍利用的对象。

养殖场中的熊舍

千年血腥背后的故事

吉林省抚松县，有一处名叫“仙人桥”的著名旅游疗养地，相传这个地名出于我们的老祖宗轩辕黄帝之口。据说在那个遥远的时代，人和熊搏斗得非常激烈。作为华夏人文始祖的轩辕黄帝认为这种情况的产生是由于人和熊在语言上不通、无法进行交流而造成的，于是他老人家出于善意就修了一座名为“仙人桥”的石桥，以求人和熊走到了这座桥上可以心意互通。谁知，后来变得越来越贪婪的人们琢磨：这座桥是大名鼎鼎的轩辕黄帝修的，肯定有不同凡响之处，一定会特别值钱…… 于是，便蜂拥去拆这座桥，将建桥的石块纷纷拿回家里收藏。这样，如今的“仙人桥”只剩下一个地名了。

由于人和熊之间赖以沟通的桥没了，从而导致人和熊之间的关系也逐渐地发生着变化。

如今的“仙人桥”——熊的“人间地狱”

现在在“仙人桥”有一座黑熊养殖场，在全由巨石垒砌的屋子里，共养着三十多头黑熊。这里虽名为养殖场，实际上从事的却是活熊取胆的经营活动。

活熊取胆的方法于1983年诞生在东亚某国。其技术是在熊的肝胆部位造一个永远不能封闭的、不被缝合的“瘘”，然后在“瘘”里面插一根管子，管子的一头一直插到熊的胆囊上，另一头接出体外连在一个瓶子上，管子上还有一个自来水龙头一样的开关。当要取熊胆时（每天定时取胆汁），只要打开

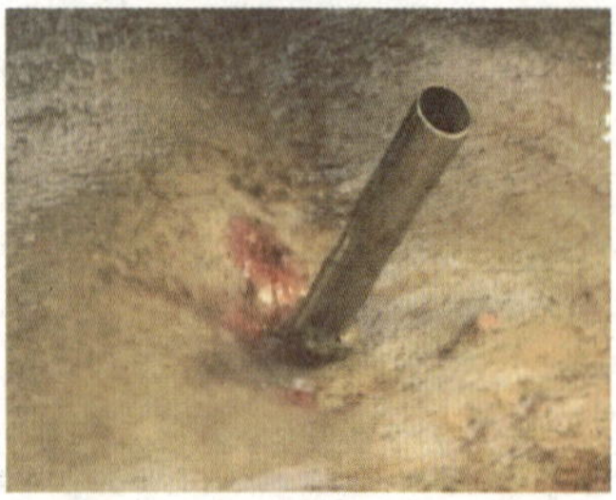

熊肚皮上的“瘘”和“瘘管”

风干后的熊胆

龙头，熊的胆汁就会自动外流。

由于历尽风险杀一头熊只能取到一副胆，“物以稀为贵”使得熊胆的身价一直等同甚至高于黄金。正因为如此，活熊取胆技术自1986年传入我国后，很快在东北、西南以及华南的某些地区发展成为一项新兴的产业。

从表面上看，活熊取胆能保住熊的性命，但事实上，对于熊这种在自然界中几无天敌的旷野巨兽来说，这种方式是超乎寻常的残忍！

活熊取胆的场面触目惊心，使人不禁联想到南京大屠杀，联想到奥斯维辛集中营。如果说第二次世界大战反映的是人与人之间内心深处最血腥、最阴暗、最狠毒的那一面，那么在和平时期，因利益的驱使，人类最残忍、最血腥、最阴暗的一面就是对待野生动物，尤其是对熊。

熊是地球上最古老的动物之一，它们一路坎坷、一路颠簸地走过了三千多万年，凭借智慧和力量适应着大自然沧海桑田的变迁，保持了家族的延续、兴旺至今，可谓是动物进化史中适者生存的最佳范例之一。如今世界上的熊主要有七类，分别是分布于欧洲和北美洲的棕熊(或称灰熊)、分布于北极高纬度地区的北极熊、北美洲的美洲黑熊、分布于亚洲东部及东南亚地区的亚洲黑熊和马来熊、印度次大陆的懒熊和南美雨林带的

原产于中国的亚洲黑熊

眼镜熊。其中，胸前有一个美丽白月牙的亚洲黑熊原产于中国，在国际上被列为一类濒危动物，种群仅存约2.5万头。但时至今日，每年却有7 000多头亚洲黑熊，就在自己诞生的土地上日夜遭受着取胆的残酷折磨，上述这些笼子中的熊足以说明一切。

其实人们应该知道，保护野生动物，除了禁止滥杀，还意味着善待和尊重。而只就尊重而言，早在人类非常脆弱的幼年时代，人和熊的关系跟现在是完全不同的。

熊——曾是令人敬畏的“神”

早在人类文明刚刚发祥的时候，人主要是以狩猎和采摘为生。那时，人对待熊的态度跟现在是大不一样的。

由于当时的人还处于蒙昧状态，再加上生产力低下、生产工具原始落后，因此在遇到熊的时候，产生的不是要获取猎物的冲动，而是会产生一种恐惧、一种神秘感，甚至是一种神圣感。其原因很多，如从外观上讲：棕熊站起来近3米的身高、近1吨的体重，就是较小一点的黑熊也有一米八左右的个头；从力量上讲：熊力大绝伦，轻易可把一个人撇出五六米远，几个人都不是它的对手；从“装备”上讲：人只有木棒石头，而熊不仅皮糙肉厚，抗击打能力很强，而且坚牙利爪运用自如；从习性上讲：熊有时能与人和平共处，有时又会勃然大怒主动攻击人，令人防不胜防；在冬季，熊几个月不吃不喝的冬眠不仅是人做不到的，也是不可思议的…… 因此，当时的人们对熊更多的是恐惧。

印地安人图腾柱上的熊神偶

如果说熊巨大的力量以及一些特殊行为曾让远古时的人类感到恐惧和不可捉摸的话，那么熊的智慧则让当时大脑还不太发达的人类羡慕不已。而事实上，即使在今天，在熊的身上依旧有很多人们不了解的东西。如：一只刚满月的小熊曾跟着母熊到离洞穴40千米以外的一个地方寻找食物。待小熊长大后，依然可以凭记忆找到那个地方。熊的这种精确的方向感和超强的记忆力也是令人羡慕但望尘莫及的。于是，畏惧、神秘和羡慕再加上一些微妙的情绪，让蒙昧时期的人类对熊产生了一种崇拜，熊在那时甚至被奉为神灵。

据考古发现及史籍记载：整个华夏民族的祖先黄帝所领导的部落，因为崇拜熊而称为有熊氏。其中，朝鲜族的创世神话讲的是天帝的儿子降临到人间，跟一个熊女结合了，生下的儿子叫檀君，就是整个朝鲜民族的祖先；满族胡姓的史祖神也是熊；而汉族所在的中原地区，在《诗经·小雅》中也有“吉梦维何，维熊维罴；维熊维罴，男子（之）祥。”的提法。这样，最早的熊神偶就出现了。它可能是用一块木头雕刻的；可能是用兽皮裁制的；也可能是似熊非熊的一块石头做的；也可能在森林里边找一棵大树，在树上刻上一个熊形符号……现在看来，人类童年时代的这种创造虽然看起来很简单、很神奇、很朴素，但它说明初民时代人的很多意识形态是共通的。

此外，熊在许多古代文化里还是一种重要的精神象征。如北美洲的印地安人，数百年来一直对熊充满了敬意和尊重。他们或在图腾柱上刻上熊的图案，藉此提升熊的显著地位；或选择这种动物作为精神的守护者，因为他们相信作战时，熊会带给他们勇猛和凶狠……综上不难看出，古人类对熊的崇拜，归根结底是追求一种自己无法拥有的自然力量。然而，今天的现实告诉我们：熊，作为一种被神话的动物，已成为历史的一页而被永远地翻了过去。

熊，最初被摆上餐桌时——人，诚惶诚恐

初民时代，由于生产力水平极其低下，在狩猎的过程中并不是每一次都能有所收获，很多时候要忍饥挨饿；而对于熊来说，它再强大也逃脱不了生命自然规律的束缚，它也有生老病死。于是现代人不难想象，当我们的先民饿得拿不动石块、举不起木棒、追不到猎物的时候，突然发现了一头死熊，暂且不管它是怎么死的，可能是老死的、病死的、山火烧死的、坠崖摔死的或因其他意外而死的。这样，饥饿的威胁、生存的需要逼迫着人们进行了一次大胆的尝试……随后人就知道了：熊，不过是一大块肉，可以吃，皮可以用，且吃完用过之后并没有遭到什么报应，上天也没有惩罚。

随着社会的发展、人类的进步，在距今大约1.8万年前的时候，人们懂得了使用弓箭（在我国，考古发现过当时的石矢）。弓箭的使用，为当时人类猎取更大、更凶猛、跑得更快的猎物提供了先决条件。于是，人对熊开始就有所企图了。但是，这时候的人还没有“沦落”到放弃原始宗教的地步，仍然认为熊是神或是自己的血亲。虽然要猎熊，想剥它的皮、吃它的肉，可又非常害怕，怕它报复、怕它冤魂附体。于是，一些奇特的、“猫哭老鼠”般虚伪的掩饰方法出现了，如26页图中表现的情形。

当时的布里亚特人已经懂得了如何把熊打死在熊窝里。但当真的将熊打死后，不能直接把死熊拖出来，而是要先喊唱一段，内容大意为：如果你是男人，请把你的箭筒扔出来；如果你是女人，请把你的

布里亚特人在吃熊肉之前所举行的仪式

首饰和簪子扔出来…… 可见，那时候的人仍把熊当作人，害怕遭到报复——公熊像男人一样用箭射他，母熊像女人一样用簪子来扎她。

死熊被拖到洞外后，猎熊的人会将一罐子牛奶往熊身上泼洒，且边洒边嚎啕大哭。这是一种很微妙的心态在做怪，一方面想吃熊肉、想要熊皮；另一方面心里又在打鼓，想对所做的“亏心事”略表悔过、进行补救。此外，那时候的人已经懂得嫁祸于人了。假如甲和乙不睦，当甲打死一头熊后，他就会对死熊说：打死你的凶器是乙制作的。你死了，你的阴魂可别来找我。

在把熊运回聚居地的途中，专门要有一个人在前面学乌鸦叫，因为熊与乌鸦在自然界中存在着一种密切的共生共助关系。比如说乌鸦在森林中发现了一具大型动物的尸体，想吃但没有能力啄裂它的皮。这时，乌鸦就去找熊来帮忙。它飞到熊的身旁，不停地叫。熊马上明白了乌鸦的意思，跟着乌鸦找到食物。由熊负责撕开死尸的外皮，然后各取所需，分享美味。当时的人们不明白其中原委，认为乌鸦与熊存在着某种亲缘关系。于是，就模仿乌鸦叫声将死熊一直引到自己的部落里。

接下来是开剖死熊，扒熊皮、吃熊肉。这时候，人们还要念一段十分重要的悼词，大意为：尊敬的山大王，今天你死去了，你的灵魂还要转世，还要回到山上去。当我们再在山上邂逅的时候，不仅请你不要伤害我们，还要保护我们的妇女和孩子，保护我们的猎犬。这个仪式完毕后，才能开吃。

吃熊肉也有很多讲究：女人只能吃熊的下半身，男人只能吃上半身，且不能吃熊肝。因为当时人们认为，熊是另一种形式生活的人类，吃熊肝就像吃人肝。

此外，不同的民族还有不同的说法。如有的民族禁止在山上说熊的坏话，怕熊听到；有的民族认为熊每隔3天会变成一次人，悄悄到村子边来巡视一番等等。

从上不难看出：初民时代对野生动物还没有正确认识的人，在实际生活中对于熊是又恐惧又需要的，其心理是既虚伪又矛盾的。然而，即便是这样一种虚伪的崇拜也没有持续太久。随着人类工具的进步，尤其是武器的愈加先进，人们逐渐认识到：在大自然中，自己才是真正的万物之灵。包括熊在内的那些所谓的图腾，不过都是自己赋予它们的一种虚幻的神圣意义。于是，最后那一块虚伪的“遮羞布”彻底被撕掉了，便开始了人对熊的大肆屠杀。

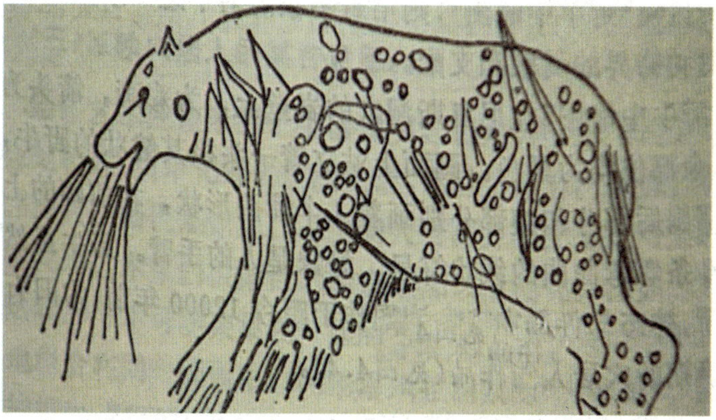

1.2万年前的著名法国岩画——《喷血的熊》（示意图）

《喷血的熊》

当进入了青铜器时代后，科技已较之初民时代有了相当大的提高。随着武器的不断进步，人类对野生动物的残害就越来越严重。对于熊来说，从最早的“神”，经历了漫长的半“神”半“人”和“人”，至此，彻底沦落为猎物了。

在法国莱斯特莱亚非乐尔岩洞中，人们发现了一幅绘制于1.2万年前的岩画，描绘的是人们猎杀洞熊（洞熊曾是生活在欧亚大陆上的一种体型巨大的熊类，与现存的棕熊、黑熊一样是由伊特鲁里亚熊进化而来的。由于洞熊无法适应食物来源的变化，于大约1万年前灭绝）的场景。在这幅被西方古生物学家取名为《喷血的熊》的岩画中，有一个至少由三四十名参加围猎的人摆成的箭阵，作为猎物的那头熊的身上共中了112箭、12把梭镖，其中仅熊的一只脚上就中了9箭。熊身上的多处伤口在向外喷血，熊的嘴也在喷血，摇摇欲坠……

在冷兵器时代，人们猎熊所采取的一种主要手段叫“杀仓”。这里的“仓”，指的是熊用来冬眠的树洞，其中洞口在树根部的叫“地仓”，洞口在树干2米以上的叫“天仓”。“杀仓”时，先要发现在树洞中冬眠的熊，然后在不惊动熊的前提下用粗木棍把仓口给别上，留下的空隙熊只能探出脑袋或伸出熊掌。接下来是“叫仓”，就是用硬物敲打树干，把熊吵醒。熊醒了只要从留下的缝隙中一露头，埋伏在洞口的人就一刀或一斧子下去，便大功告成；还有一种叫“刷仓”的方法更为残忍，这主要是用来对付“天仓”的。也是先用木棍别好洞口后再弄醒熊，然后从缝隙往树洞中投干柴。这时的熊并不知道扔进来干柴是什么意思。为了保住自己洞内有限的空间，它会不停地把干柴往自己的周围码放。干柴投进得越多，码得就越高。待到熊连自身回旋的余地都没有了的时候，人便投进去一个火种，熊就会被活活地烧死。

罪恶的枪声

如果说在冷兵器时代，人类还需要经过搏斗，甚至有时要付出血的代价才能够将一只熊制服，那么枪的问世，则意味着熊在与人进行的这场旷日持久的对决中，将会越败越惨且永无翻盘之日。

在上个世纪的五六十年代，我国的山地林区中凡是有大型野生动物出没的地方，都组织了以消灭四害（兽）为目标的狩猎队，成规模地去捕猎熊、豹、狼、野猪，而其中杂食性的熊则因为糟蹋粮食（正如俗语所说的：狗熊掰棒子，掰一个丢一个）被列为“四害（兽）”之首。这里，根据一位当年狩猎队员的回忆，讲述一段至今仍能令人闻之落泪的往事：

这是一个由十几个人组成的狩猎队，他们的任务是围猎一头带着两个熊崽的母熊。狩猎队长将人分为两拨，一拨负责赶熊，另一拨又分为3组分守3道封锁线。当赶熊的人将这“母子三口”赶到第一条封锁线的时候，3枪齐发但没有击中母熊的要害，母熊带着幼崽冲了过去；第二条封锁线双枪齐响，可仍没有命中母熊的要害，又被它们冲了过去；在第三条封锁线上，人们打死了一只熊崽，活捉了一只熊崽，但仍被遍体鳞伤的母熊冲了过去。眼看母熊就要钻进丛林逃之夭夭，这时恼羞成怒的人们使出了最卑鄙的绝招——拎起那只活着的幼熊，狠狠地用刺刀刺它，让它发出一阵阵撕心裂肺的惨叫。就在母熊出于强烈的母爱回头张望的一刹那，排枪响了……事后，当人们在开剖母熊的时候发现：母熊被枪打得像筛子一样的躯体上，

一家三口即将命丧人手

两个丰满的乳房还在不断地向外淌着奶水。

虽然这个悲剧的主角是这个熊的三口之家，但类似的悲剧还不知有多少。就拿东北林区来说，当时林区的每个县都设有医药公司或者收购站，为的就是收购熊胆和虎骨。且每年的收购量上级都有定额，而且超额有奖。

位于北京南郊的“世界灭绝动物墓地”

人熊恩怨，孰之过？

现在在北京市的南郊，有一块世界灭绝动物墓地。在墓地冰冷的石碑上，记载着在人类成为万物之灵的道路上，许多曾经在这个星球上生活过但再也见不到的动物。其中就有从19世纪到20世纪的不足100年中，因人类的过度猎杀而灭绝的三种熊。它们的名字分别是：北非熊（1870年灭绝）；勘察加棕熊（1920年灭绝）；墨西哥灰熊（1964年灭绝）。

通过上文的介绍，人们基本可了解到人在历史发展进程中对熊认识上变迁的过程：从一开始的奉为神灵到后来矛盾重重——一半是崇敬一半是掠取；再从肆意的猎杀到如今血淋淋的、纯粹赤裸裸的虐待。当然，作为万物之灵的人总会为自己的所作所为找到开脱的理由，但人们更应该了解：当说到熊糟蹋庄稼是害兽的时候，为什么不想想在短短的1万年时间里，地球上的人口从1 000万激增到65亿，并已经占领了地球表面85%的土地；当说到熊是一种非常凶残、非常可怕的动物的时候，为什么不想想自己的所作所为……

因此，作为人类——有良知的万物之灵，更应该反思、深思。那么，人们如何能更深入地去了解熊？又该怎样去正确地对待熊呢？

人熊对决（下）

熊，是一种以力量和凶猛闻名的旷野巨兽。

千万年来，它依靠智慧和能力赢得了生存空间，得以延续至今；但现在，它却面临着人类的步步威逼。

从人类崇拜的图腾，到猎人捕杀的目标，再到为满足人的私欲而受到百般虐待、无情盘剥的“经济工具”，出现上述转变的主要原因之一就是人类对熊肤浅的认知。

熊，对于人来说：既是憨态可掬的玩伴，也是残忍至极的无情杀手；既有痴迷于嬉戏时的可爱，却又时时刻刻带着让人类挥之不去的心理阴影。

那么，熊究竟是怎样的一种动物？在人与熊的千年对决中，人类又最终获得了什么？

是玩伴还是杀手

当今，对于大多数人来说，认识熊、了解熊的主要渠道一是动物园中那些野性全无，整天作揖打滚讨吃混喝的真熊；二是那些憨态可掬、顽皮可爱的卡通形象；第三才是书本中根据作者的意图，从不同角度所进行的描述。请看下面一段关于熊的描写：

这是一个由山泉汇聚而成的山间小池塘，塘水非常清澈，比玻璃还透明。塘边的树上，鸟儿在唱着动听的歌曲；塘中的水草间，青蛙们也在不停地高歌。一时间，青山茂树、碧水草毯、鸟语蛙鸣，构成了一幅美丽、祥和的自然画卷。

这时，一头七八个月大的小熊踱着方步悠闲地走了过来。它的皮毛油亮如缎，润润的鼻尖在阳光的照射下总有一个闪烁的亮点，只是在偶尔站起来的时候，才会露出浅红色的肚皮，标志着它还没有成年，正处于好奇心最强的阶段。这里可能是它从未来过的地方，一切都是那么新奇。它溜溜达达，东张张、西望望，左瞧瞧、右看看，最终被那一池碧水吸引住了。在水边，它来回逡巡。在夕阳的映衬下，水面上一个如泼墨般的熊影与它相依相伴、同步前行……

突然，“扑通”一声，一只小青蛙跳了过来，水面上立时荡起了涟漪，熊

小熊生气了

影随着涟漪变形了、破碎了。小熊突然站住了，将前掌伸向水面不停地轻点。它并不是想玩水，而是要压抚水面，将水面抹平。谁知，它这一点不要紧，水就抖动了起来，越来越乱。小熊生气了，它站起身子，两个前掌爪平直抬起，不停地原地转圈，就像学舞者初次下舞场一样虽小心翼翼、循规蹈矩，但拘谨僵硬、笨拙无比。小熊边转边舞，嘴里还不停地嘟嘟囔囔，发着脾气。

原来，小熊是在"照镜子"自我欣赏，谁知让小青蛙那么一跳，搅扰了正陶醉着的它。小熊生气了……

正如上述这段文字所描写的一样，无论人们对熊有着怎样的复杂情感，但熊可爱的一面早已深入人心。维尼熊，这个源自迪斯尼的、有点调皮但却又忠实可靠的经典动画形

维尼熊

泰迪熊和形形色色的熊玩偶

象，将熊可爱的一面刻画到了极致；还有，憨态可掬的泰迪熊以及形形色色的熊玩偶，无不淋漓尽致地描绘出熊在人类心目中的美好形象。

人类为什么会对熊如此偏爱，为什么会对这种庞然大物感到亲切？这是因为两者之间有着很多的近似之处，也就是说在熊的身上有一些人的特征。如：

——当熊以后肢站立时，看起来几乎跟人一样；

——熊吃东西时，也常常是用前掌把食物送进嘴里。这个动作往往会让人联想到人类的双手。

——在所有的动物之中，熊是格外偏爱嬉戏的，而幼熊更是非常喜欢模仿成年熊的行为，并对周遭事物充满好奇。这一点也会让人们回忆起自己的童年。

然而，熊毕竟是熊。艺术家们的想象和创造终究不能掩饰它威猛的身躯、长长的尖牙利爪、震天撼地的吼声及人类根本无法抗衡的力量在千百年来给予人类的震撼。据说，熊一舌头能舔下人的半张脸，一巴掌能扇掉人的脑袋、一屁股能蹾得人骨断筋折…… 因此，另一些人则认为熊是一种残忍、血腥的动物，同时还蠢笨、贪吃、懒惰。正是基于这种

熊用前掌往嘴中送食物

对野生动物的偏见、歧视，人们为自己制造了恐惧，而这种恐惧又恰恰为一小撮别有用心的人所利用：为消灭熊，拥有了充足的理由；为糟蹋熊，找到了一块遮羞布。

那么，熊到底是一种什么样的动物呢？

在不同的前提下，熊会出现迥异的行为。

上世纪60年代初的一个夏天，在敦化的官地镇曾发生过这样一件事儿：

一头熊悄悄地来到镇西北角上的一户人家“串门”。当时，这户人家里就有一个正坐在院子中纳鞋底的老太太和两个在屋中熟睡的小孙子。熊从孩子睡觉屋子的后窗进了屋，上了炕，下了地，通过屋子间的门来到厨房，喝了人吃剩的半盆高粱米粥，然后从厨房的正门溜达到了院子中。正在纳鞋底子的老太太觉得门影亮光一暗，回头一看，晃悠晃悠地走来了一头足有四五百斤重的大熊。她的第一个反应就是熊是从孩子睡觉的屋子的窗户进来的，接下来那声“妈呀”的惊叫才脱口而出。老太太也顾不得害怕了，三窜两蹦地冲到孩子睡觉的屋里一看，两个孩子还在熟睡，安然无恙。于是她嘶声大喊：熊来啦，救命呀……她这一喊可不要紧，当时整个村子里的人都操着家伙跑过来了。人们把熊围到了这家的驴圈里，不住地用家伙打，用石头砸。熊被打蒙了，躲在驴圈的角儿上不住地哀嚎。

熊性凶猛

这时，村中一个有枪的猎户也闻讯赶了来，他从容地把枪管塞到熊的耳朵里打了一枪，把熊给打死了。

另一件媒体曾大肆宣传、血腥渲染的事儿发生于1995年春天的加拿大。青年丹在森林中露营时，遭到一头熊的猛烈袭击。熊在丹的身上留下了可怕的创伤，他医治、休养了一个多月后才能勉强下地走路。这次恐怖的经历彻底改变了丹对熊的印象，在他的心目中，熊根本不再是童话里害羞而可爱的动物。

前一件事儿中的那个老太太和两个孩子与加拿大青年丹的经历相比，似乎要幸运得多。但那头熊，却仅是因为饥饿，只是为了半盆高粱米粥而丧了命。这不能说是谁的错，只能归咎于人世界和熊世界之间的冲突。而丹的悲剧在于他既不了解熊，又没有尊重熊，到了熊的地盘上首先考虑的却是自己的需要。这样，冲突就在所难免了。但，这能怪熊吗？因此，人要避免与熊发生冲突，就要在以下两个方面加以注意。

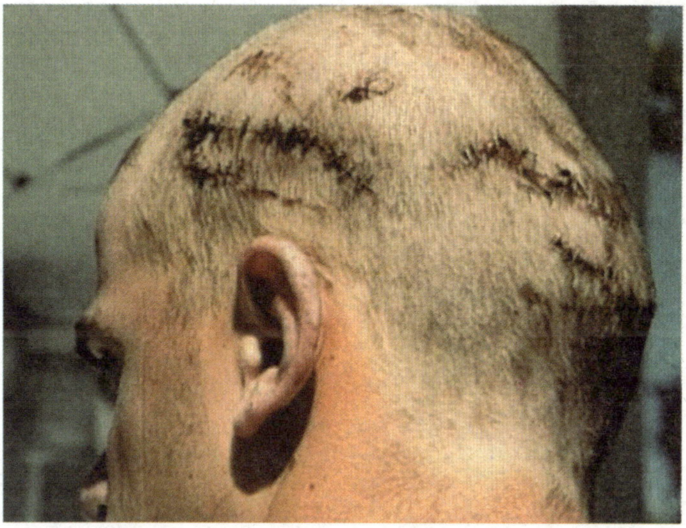

加拿大青年丹被熊袭击后留下的创伤

一是要了解一些熊的特点：

其一，熊“天生怕羞”。比如非常了解熊的印第安人，为了避免与熊发生冲突，他们上山前都会在自己的腿上挂一个响板。途中，每走一步响板就响一下，“天生怕羞”的熊听到这声音后就会先行躲开。

其二，熊不吃人。熊是杂食性动物，在其食物结构中，85%～95%吃的是植物性食物；而它所涉及的荤食主要是腐尸，偶尔也捕食一些小型动物和鱼。对于99.99%以上的熊来说，没有尝过两条腿的人是什么味道的经验，且熊也不像人一样有换着花样猎奇尝鲜的欲望。

其三，熊的嗅觉非常灵敏，灵敏度是狗的8倍。它能轻易闻到附近的人味，而人身上的汗味、脂粉味、酒味、烟味及人身上携带的各种物品所散发出的味道都是熊所陌生的、不习惯的、难以接受的，因此熊会尽量地躲开人。有这样一件事儿：一个人在野外看两头熊打架，败了的落荒而逃，赢了的紧追不舍。败熊在无处藏身时，突然发现了这个气味很难闻的人，于是就躲到了这个人的身后，想借助这个人的味道挡住追赶者；而那只打赢了穷追不舍的熊当追到距这个人身前不远时，也不愿再接近这个有着一股难闻怪味的家伙。于是，两头熊就隔着这个人对峙着。后来，且不管两只熊是怎样了结这场争斗的，反正这个人被活活吓死了。由此可见，熊是怕人的，是不愿意与人接触的。

二是熊和人一样，也有许多忌讳。只要人不犯熊忌，熊一般是不会伤人的。动物学家们经过观察总结，提醒人们在与熊打交道时应了解并尊重熊的习性，要尽量避免如下6种情况的发生：

1.俗话说“人有人道，蛇有蛇踪”，熊亦如此。因此，人最好不要在熊道上与熊突然相遇。如果相遇，受惊的熊可能会出于自卫而发动先发制人的攻击。因为不仅仅是人有自我保护的意识，熊也有，这是天性使然。专家提醒：在野外观熊，要保持百米以上的临界距离。

2.男性朋友们特别要注意，最好不要在熊的发情期期间到野外观熊。公熊闻到你身上散发着的荷尔蒙气味，会认为你也在追求它所喜爱的那只母熊，将你当作情敌。那样，它就会主动上来扇你大嘴巴子，而你是绝对吃不消的。

3.千万不要惊醒冬眠的熊。由于好觉被吵醒，它正在气头上，会见谁收拾谁。

处于发情期中的熊

4.不要背着食物接近熊，尤其是刚冬眠醒来饥肠辘辘的饿熊。因为在它眼里，你就是散发着食物诱人香味的一整块肉。如果遇到这种情况，要赶紧扔下食物，或上树或装死。

5.要远避伤熊。熊记仇，如果是被人伤的，它会对人报复；如果是被同类或其他动物伤的，它有可能拿你出气。

6.带崽的母熊是最残忍的杀手。出于母爱的天性，它会不加任何警告地攻击它所认为会伤害熊崽的一切目标，且没有任何“谈判”的余地。美国一家媒体曾展出过这样4张照片：第一张是1头母熊带3头小熊在山坡上嬉戏；第二张是母熊正在盯着你看；第三张是母熊发起了冲锋；第四张明显是后补的：一具残缺不全的尸体，一地散落的摄影器材和尸体旁一把已拔出枪套、顶上子弹但还没来得及搂火的手枪。对此专家解释说：对于带崽的母熊，你跟它互相注视只要超过三秒钟，它就认为你要危害它了。而熊的爆发力极强，冲

带崽的母熊是最危险的杀手。它会毫不犹豫地攻击它认为可能会危害幼崽的任何目标

锋时可跟马一般快，最高时速达到70千米。虽然那位留下前三张照片的摄影师很有经验，也做了充分的防身准备，但还是没能逃过母熊那“迅雷不及掩耳”的致命一击。

从上不难看出：前面提到的加拿大青年丹的遭遇，以及近年来发生在北美荒野的几起熊伤人事件，都是因为这些露营者和度假者们不断地紧逼那些一度由熊统治的区域且不尊重熊的习性而引发的。同样，在动物园或马戏团里偶尔发生的熊攻击饲养员的事件，归根结底还是人在自取灭亡。因为，对于这些曾经主宰旷野的巨兽而言，它们的骨子里永远无法接受被人类利用和取乐的现实。而进一步当面临人类的屠刀，且被逼迫得无路可退、几近忍耐的边缘时，熊的反击和报复常常是人类难以预计的惨烈。

“熊剩”的悲哀

在集安，现年68岁的张××是一个家喻户晓的知名人物，当地人称他为“熊剩”，意即跟熊搏斗后虽侥幸逃生但受伤而残疾的人。在这里，让我们回顾一下使张××一举成名的那段惊心动魄的经历：

在上世纪70年代初的一天，30岁左右的张××与郑××被生产队派到山里去砍松明子。郑××原是一名国民党军队的下级军官，一米八几的个头，为人凶悍、孔武有力。在收工回来的路上，郑××悄悄告诉张××，说他发现了一个熊洞，里面有熊新鲜的粪便，一定还有熊在住。当时，一副熊胆能卖800元钱，相当于一个壮劳力几年的劳动所得。于是，两人约定第二天去猎熊。

第二天，张××拿了一把锋利的大斧子，郑××扛了一把镐头就上山了。当他们来到洞边时，熊已经出去了，洞是空的。正当他们在熊洞旁商量着是等还是回时，熊回来了。当熊发现有人要侵犯它的窝时，龇牙咧嘴咆哮着就冲了过来。虽然知道打熊要冒一定的风险，虽然事先也已有了心理准备，但当看到这头马驹子大小的熊，看到它那长长的獠牙和紫红色一伸一缩的舌头，张××早就浑身“筛糠”，举步维艰了。好在行伍出身的郑××临危不乱，高喊一声：“来者不善，善者不来，今天不是你死、就是我活。”举起镐头就迎了上去。

郑××很聪明，他躲在树后，一圈一圈地跟熊转，每转一圈就用镐头给熊一下。几圈下来，熊被打痛了，也被打急了。就在郑××的镐头再次打来的时候，它也不躲、也不挡，反而迎着镐头扑了过去，一下子抱住了郑××。张××这时在旁边看得真真切切：熊用两只前掌像老鹰抓小鸡一样把郑××高高地拎起来，然后再重重地撂在地上，两只前掌紧紧地按住郑××，趴在了他的身上，张开血盆大口狠狠地就是一口。就这么一口，郑××的前半拉头皮、整张脸，包括鼻子、嘴唇、下巴就全都没了。更可怕的是，郑××的满口牙齿被生生地挤了出来。郑××在下面拼命挣扎，谁知他一脚正好踹到了熊嘴里，这下正好，连鞋带袜子再带脚上的肉全下来了。这时，一直在“筛糠”的张××总算挨了过来，哆哆嗦嗦给了熊一斧子。他本想砍熊的脑袋，但却砍在了熊屁股上，顺势还把郑××的大腿划了一道口子；第二斧子砍在了熊的肩膀上，虽然见红了，但斧子上更多的是黄澄澄的熊油。这时熊不干了，它大吼一声，突然转身一口咬住了张××的胸口，随即将他也按倒在地上，照他脸上也是一口。好在张××双手紧紧地拽着熊的腮毛，这一口略比咬郑××的那一口轻点。

就在熊转身来对付张××的那一刹那工夫，郑××总算从熊身下滚出来了。说时迟，那时快，就在熊向张××咬第二口的时候，郑××捡起斧子，一斧子砍到了熊的脑

熊的血盆大口

那头被郑××用斧头砍伤头部后逃跑的熊的尸体

袋上，且是砍进去就拔不出来了。熊发出了震耳欲聋的一声大吼后，带着斧子窜进了山中。

熊跑后，遍体鳞伤的哥儿俩相互搀扶着下了山，被人发现后送到医院救治。在第二年的春天，那头熊的尸体在40千米之外的村边被人发现了。它倒在一口深井的旁边，瘦骨嶙峋，头上依然带着那把斧子，而它的下巴不知在何时被人砍掉了。不难想像，这只遍体鳞伤的熊曾经如何蹒跚地走在荒原野岭，过着怎样一种魂飞胆散，躲避着人类袭击的日子。在它生命的最后一刻，也许太想喝上一口水，但残缺的嘴巴，使它最终未能实现这个可怜的愿望。

事后，郑××因伤势过重且并发病毒感染，很快就死了；张××也鼻歪嘴斜地成了“半拉子”，被称为“熊剩”。按他自己的话说：“从这以后我就成了世界上最胆小的人。放牛时，看见对山有个熊影，立马就昏倒在地上了；咋看一眼正在吃草的黑牛，也把它当成熊，又昏倒了；村里的小伙子在后面拍拍肩膀想说句话，又吓昏了…… 总之，我的心理、生理、精神已经崩溃了。此外，我的家庭也改变了。当时，得知我受伤后哭得死去活来的老婆，经过这漫长的二三十年，对我已经完全地厌恶了，完全冷漠了……”

这场人熊大战的结局可谓两败俱伤。然而是非功过到底应该如何评说？只能归于大自然的报应是非常强烈的，有人统计：仅在冷兵器时代，每杀死5头熊就要付出死伤1个人的代价。为了物欲、为了金钱，虽然是5:1，但人占便宜了吗？

不过，如此惨烈的故事可能再也不会发生。因为，在人类手中的武器越来越先进的今天，要杀死一只熊已经变得异常的容易而简单，日渐减少的熊的数量就是最好的证明。可以定论，在人与熊的千年对决之中，人类是当之无愧的胜者，但这绝不是完胜。因为，无论人类的时代如何变迁，熊作为地球上最古老的动物之一，只要没有灭绝，它就始终不会丢失其善良可爱的天性，也不会放弃它霸者的尊严；如果熊一旦灭绝了，对于人来说所得到的到底是斩草除根般完胜的喜悦，还是…… 其中的百般滋味也只有人类自己才能说得清楚了。

人雁情缘

慷慨解囊，善良农妇收养受伤大雁；
形影不离，大雁与人产生深厚感情；
情同母子，野生大雁能否留在人的家中；
好心农妇与野生大雁，演绎一段难解的情缘。

外出时列队行进的雁鹅

像是乞求的目光，深深地打动了善良的农妇，300元高价，救下受伤野生大雁

1999年3月，正是春耕农忙时节。辽宁省宽甸县农民黄丽杰独自登上通往县城的公共汽车，去购买覆盖大棚的塑料薄膜。

走到半道，上来一个老年人，他提着一只受伤的野生大雁，要到县城去卖个好价钱。这个长得像鹅一般大的稀罕东西，一下子吸引了车上所有人的目光。有几名男子要将大雁买来做下酒菜，争相开价50元至200元。眼看这只大雁将可能成为这些人盘中的美味佳肴。

听到车上的人越争越热闹，坐在后排的黄丽杰禁不住好奇地挤上前去瞟了一眼：大雁有气无力地倦缩着身子，惊恐的眼里好像溢有泪水，露出乞求的目光。黄丽杰心底顿时升腾起一种天然的母爱，猫抓猫挠般的难受，似乎一下子把那只大雁当成自己的孩子。心想这也是一条生命啊，我一定要救它。

黄丽杰毫不犹豫地掏出身上仅有的300元钱，塞到老人的手中，抱着大雁踏上了回家的路。

将受伤的野生大雁带回家

对于年收入只有2 000元的黄丽杰一家来说，300元钱可不是个小数目，更何况这是她家里春耕仅有的开支。

看见妻子用买塑料薄膜的钱换回来一只大雁，丈夫刘祖义气得把做大棚的杆子全拔掉了。可是当脾气发完后，心地善良的他看着奄奄一息的大雁，也不禁动了恻隐之心。根据以前养鹅的经验，赶紧找出消炎药掺和上玉米渣，掰开大雁的嘴喂了下去。

经过十多天的精心呵护，大雁的伤口终于渐渐好了。伤愈后的大雁对黄丽杰十分依恋，人走到哪儿它也跟到哪儿。有时人上炕缝被子，大雁也急着上炕。每当黄丽杰去河边洗衣服，就抱着大雁去河里洗澡，慢慢地大雁自己也能认识回家的路。后来，只要一看到黄丽杰端起盆子，它就主动跟着一起走。到了河边，人、雁各自忙碌，黄丽杰洗衣服，大雁在河水中游泳嬉戏。黄丽杰洗完衣服，大雁也玩够了，自己上岸来摇摇摆摆地往家走。大雁已经和黄丽杰形影不离。

然而，人雁之间平静

抱着大雁去河边洗衣服的路上

而悠闲的生活被几个不速之客打破了。一天，家里来了几位县野生动物保护站的工作人员，按照国家的规定把大雁带走了。

黄丽杰这天刚好不在家，等她傍晚回到家时，却没有看见大雁像往常那样到门口来迎接。当她得知大雁被带走后，感到就像带走自己的孩子，心里一下子空落落的。

对大雁的牵挂，令黄丽杰寝食难安，干什么都没心思。到了第四天，她实在忍不住了，决定到县野生动物保护站去看看那只宝贝大雁。

刚一走进动物保护站，就听到从二楼传来熟悉的雁叫声。她急忙循着这熟悉的声音，三步并作两步"蹬蹬蹬"地跑上楼去。

黄丽杰一眼看到关在笼子中的大雁，就像看到自己遭受委屈的孩子，不顾一切地抢上前去打开笼子，将大雁紧紧地抱在怀里，生怕一撒手大雁又离开她了。大雁也好像受了惊吓的孩子，把头搭在她的肩上，一动也不动。

野生动物保护站的技术员告诉她：这是一只雄性

大雁深情地将脖子贴在主人的肩上以示亲近

灰雁，是国家二类保护动物，这种大雁很难和人接近。

野生动物保护站的技术员看到大雁和黄丽杰之间亲如母子，被深深地感动了。决定办理野生动物驯养繁殖许可证，让她带回家收养。

黄丽杰带着大雁高高兴兴地快回到家门口时，大雁似乎认出了熟悉的家门，兴奋地伸长脖子嘎嘎直叫。只见它飞一段路，停下来回头看看，再飞一段路又停下来回头看看，然后熟门熟路地自己走进家门。从此，大雁正式成为黄丽杰家中的一员。

本来从动物行为学来看，成年的野生动物在受到伤害，或者被人捡拾后，往往处于一种应激的状态，不可能很容易就能跟人产生亲近的。但是，这只大雁和黄丽杰一家人产生

庆贺自己成为这个家的一员

出的亲密感情，主要是大雁对人的饲养行为、对食物提供者的一种依恋。因为在很多社会性动物中，它在跟人的这种关系中，很可能是把人当成了自己群体里的首领、一个优势的个体在对它发号施令，所以它就服从。比如人类家养的狗，实际上也是把人当成它自己同类的一个首领。

是雁是鹅？雄性大雁与雌性家鹅交配神奇产子；野性难驯，幼雏离家投入蓝天怀抱

大雁平安回家，和黄丽杰一家人平静地生活着。

然而不久，细心的黄丽杰发现大雁开始不停地悲鸣。难道是生病了吗？看样子不像啊，它吃食很正常。突然，野生动物保护站工作人员的话浮现在她的脑海里：如果喂养方法不当，野生大雁在人的家里活不了多长时间。黄丽杰的心不禁一下子被揪了起来。

大雁是群居性动物，南来北往的雁队，通常是由几个家庭共同组成的。它们共同觅食、共同迁徙，彼此之间过着亲密无间的生活。由于生病或者受伤而掉队的大雁，通常被人们称为迷雁或孤雁，一般情况很难存活下来。现在黄丽杰家的这只大雁虽然和人建立了感情，但这种人雁之情再深厚，也难以真正抚慰这只雄性大雁那颗孤独的心。

黄丽杰觉察到可能由于这只大雁缺少同类而感到寂寞。听人说家鹅的祖先是大雁，那么大雁和家鹅应当比较接近，何不找来家鹅跟大雁做伴呢！

于是，她买回6只雌性家鹅。这一招果然见效，仅

雄性大雁与雌性家鹅亲热地生活在一起

仅几天，大雁就和家鹅亲热起来了。这时的大雁俨然像个首领，经常自己带着这群家鹅去河里洗澡。去时它在前面带队，回来时它在后面收尾。

俗话说："娶了媳妇忘了娘"，有了一群雌性家鹅作伴的雄雁，再也不像以前那样和人形影不离了。第二年春天，这只雄性大雁与雌性家鹅还有求偶交配的现象。

然而，毕竟大雁是迁徙于天南地北的候鸟，家鹅则是被人工饲养的家禽，它们的交配能够成功繁殖出后代吗？

其实，家鹅的祖先应该是从雁类的祖先经过人工驯化而来的，由于家鹅的祖先和雁类是同种或者是近缘种，可能能够进行繁殖。但是，大雁和家鹅已经相隔无数代，它们的交配行为能够成功产出下一代的机会很小。

黄丽杰对此并不在意，她把雄性大雁和雌性家鹅交配所产的40多枚蛋，放在自制的温床上进行孵化，每枚蛋上都标有开始孵化的时间。她像照顾自己的婴儿一样，每天多次轻轻地抚摸翻转每一枚蛋，用脸上最敏感的部位——眼皮来测量它们的温度，默默地期盼着有一天孵出小雏来。

每一枚蛋都寄托着主人的期盼

经过31个日日夜夜的焦急等待，奇迹终于出现了，所有的蛋全部孵出了小雏。那些小雏自己叨开蛋壳，露出毛绒绒的脑袋，模样十分可爱。黄丽杰给这群可爱的小家伙起了一个很好听的名字——“雁鹅”。

从此，黄丽杰家的小院里又多了一道风景：人在前面走，一群小雏跟在后面追……

小雁鹅追赶黄丽杰的这种现象，被科学家们称为“印痕反应”。禽类的小雏破壳而出以后看到的第一个运动物体，会被它们认为是自己的妈妈，“妈妈”走到哪里，它们也会跟到哪里。

小雏破壳而出

这些小雁鹅的生长速度实在惊人，七八十天基本上就长成了。因为野生大雁一般都在北方产蛋、孵崽儿，为保证秋天能按时飞到南方去，它们必须在一定的时间内长大。所以，这些带有野生大雁基因的雁鹅，生长要比家鹅快得多。

“雁鹅”，如其名一样美丽

体格健壮的雁鹅正在自由自在地生活

春去秋来，又到大雁南飞的季节。在辽东山区的天空上，掠过一个又一个雁阵。天上嘹亮的雁叫声，惊动了已在黄丽杰家安居的大雁。每当有雁群飞过时，这只大雁就站在屋顶上，引长脖子朝天空张望，发出声声鸣叫，与在天空盘旋的雁群相互呼唤应答，看样子也想随着雁群高飞。可是，它又眷恋自己在这里的妻儿。

在野生大雁当中，往往会保持比较稳定的群体，特别在迁飞的季节里，几个家庭结成大群一起迁飞，是比较固定的成员。但是，动物的行为是丰富多样的，它也依据环境的变化而变化。虽然这只大雁很希望再加入到它原来的种群里去，但它现在已经建立了新的家庭，适应了人类为它创造的这种新生活环境，尤其是和家鹅建立了一个新的生活群体，并且繁殖了自己的后代，那么，它就有可能选择留在它现在的群体里。

果然，大雁爸爸最终抵御了迁飞的冲动，选择留了下来，继续过着稳定快乐的日子。

转眼间，小雁鹅已经长得跟成年大雁体型相当了。这时，一件意想不到的事情发生了。有一天，黄丽杰的女儿去河边洗衣服，突然跑回家来说：不好了，咱们家的雁鹅都飞走了。

黄丽杰急忙跑到河边，只看见雁鹅群在低空盘旋几圈之后，很快消失在远处的山梁后面。

野生的大雁留下来了，自己亲手孵化养大的雁鹅却飞走了，黄丽杰的心里有一种说不出来的滋味：她既想让它们自由自在南来北往地飞翔，又希望它们能够留在自家的院子里。

正当黄丽杰失望之时，天刚傍黑，雁鹅一只不落地自己回家来了。黄丽杰高兴得合不拢嘴：这玩意儿的后代还会飞哩。

跋山涉水，五旬农妇追踪野雁生活习性，春去秋来，再续人雁浓浓情缘

看到飞走又归来的雁鹅，邻居们都劝黄丽杰用网罩或者笼子把它们关起来，防止再飞走。但是黄丽杰想给雁鹅充分的自由。她说，我不想圈它们，不想绑它们，它们愿意飞就飞，愿意走就走。

话虽然这么说，可她心中还是多么希望这些美丽的天使能够长期留在这里。于是她决定到野外去看看野生的大雁在自然界中为什么要春来秋去，能不能找到一个好办法

大雁迁飞的目的其实是为了寻找食物

让这些大雁的后代自愿留下来。

这一年春暖花开时节，黄丽杰和女儿一道启程前往大雁在黑龙江的栖息地看个究竟…… 秋天，又跟随南迁的大雁一路来到了黄河岸边。雁群一天一天往南飞，母女俩跟在后边一天一天地追，终于搞清楚雁群往南飞是为了找吃的。

黄丽杰带着这样的结论回到家中，对把雁鹅留住更有信心了：我们家有喂的，可以满足它们吃，满足它们生存的需要，大雁在我们这儿不一定不能生存。

实际上，大雁产生迁徙的冲动最终还是食物条件起决定作用，环境决定它是不是适合在这里生存，如果不适合，那么它就决定迁徙。

在黄丽杰一家人的悉心照料下，可以自由飞翔的雁鹅自觉自愿地留了下来。这些雁鹅白天在山脚的小河里觅食戏水，傍晚，只要黄丽杰家的人一招呼，就会排着整齐的队伍回家来。

然而，生活得无忧无虑的雁鹅也常常面临缺乏避险本能的考验。因为在人工喂养的环境中，它们未能继承野生大雁逃避袭击的本能，所以不知道如何逃避危险。

有一天，一位邻居跑来告诉：你家的雁都让人抓去了，还正在抓呢。

黄丽杰赶紧跑到河边，果然看见几个人正在抓雁鹅，有几只雁鹅已经被装进袋子里。黄丽杰解

自己回家是熟门熟路

获救的天鹅也将这里当作自己的家

释说，这是我们家养的。他们不解地问：哎呀，我们看见是从山那边飞过来的，怎么成你家养的了？黄丽杰说如果不信，你放了，我喊它们，它们会乖乖跟我回家。

虽然受到惊吓，但听到主人熟悉的召唤，雁鹅还是排着队伍，朝着黄丽杰家款款走去。

虽然掌握了一些饲养雁鹅的实际经验，但黄丽杰还希望获得更多的科学知识。为此她订阅了很多杂志，参照科学的方法去喂养。在不长时间里，雁鹅已经发展到300多只。

黄丽杰的故事很快传遍十里八乡，她无私救护野生动物的精神感动了无数的人。人们把一些受伤的动物陆续送到她家里，她都照单收下。现在，她家里仅野生大雁就有灰雁、鸿雁、豆雁等。另外，被人送来的几只受伤的大天鹅，经过悉心照料也康复了。但这些天鹅也不再飞走，而是选择在这里安家落户。

受伤获救的雕枭的后代依然野性不减

黄丽杰的家就像一个野生动物救护站，连性情凶猛的雕枭在这里也变得温顺了许多。几只成年雕枭伤愈之后虽然丧失了飞翔能力，但还能生育后代，于是，黄丽杰就把这些雕枭的孩子养大，放归到大自然中。

现在，只要走进黄丽杰的家，就可以看到优雅的大天鹅、听话的大雁、神情肃穆的雕枭，还有气宇轩昂的大公鸡。黄丽杰夫妇根据自己的经验和书本上的知识，热情地为前来参观的人们介绍这些野生动物的特征和生活习性。

南来北往的大雁，一会儿排成人字形，一会儿排成一字形，构成天空中一道美丽的风景。而黄丽杰一家人和大雁共同演绎的人雁情缘，为雁阵又增添了一个美丽的注解。但愿人雁情缘长，和谐永相处。

黑猩猩戒烟记

晚秋时节，西安开始了连续阴雨的日子。几场秋雨过后，愈加有了丝丝凉意。但位于秦岭北麓的西安秦岭野生动物园的游人却没有丝毫减少，反而增多了起来。来这里的游人大都是奔“明星”动物——黑猩猩艾艾而来的。

那么，这只黑猩猩有什么特别之处，为何吸引这么多游人的关注呢？

上了烟瘾的人常常说，吸烟有助于思考。那么，抽烟时的艾艾又在想些什么呢？

从模仿吸烟到主动吸烟

黑猩猩艾艾看上去和普通的黑猩猩并没有什么不同，唯一不同之处就是艾艾会吸烟。艾艾常常嘴叼香烟，吞云吐雾，它抽烟的样子显得十分滑稽却又非常熟练。艾艾的饲养员吴明说，艾艾的烟龄已经有16个年头了。

黑猩猩艾艾是如何学会抽烟的，又为什么一抽就是16年，难道黑猩猩也会染上烟瘾吗？

说起艾艾染上抽烟的不良嗜好，不得不提到它的一段伤心的往事。

1982年，年幼的黑猩猩艾艾和健健同时从日本漂洋过海来到西安“定居”。后来，两小无猜的他们渐渐长大，从开始的热恋到后来组成了家庭，就这样平静地过了10年无忧无虑的幸福生活。然而，天有不测风云，忽然有一天，健健的身体不舒服起来，开始只是拉肚子，并未发现其他的疾病。然而3天之后却突然死去了。这场死亡太突然了，艾艾遭到了严重的打击，情绪一下子掉进了深谷。

黑猩猩是一种聪明的动物，它的模仿能力很强。由于动物园是不禁烟的，有些游人不自觉地将烟头投入艾艾在室外的活动场地。此前，艾艾对那些烟头总是不屑一顾，可突然有一天，艾艾默默地拣起一个烟头，慢慢地放进嘴里抽了起来。从此，拾烟头、抽烟逐渐成为艾艾生活的一部分。再后来遇到艾艾烦躁不安时，饲养员吴明就给它一支烟，它拿来抽上以后就安静下来了。这说明艾艾吸烟已经上瘾。

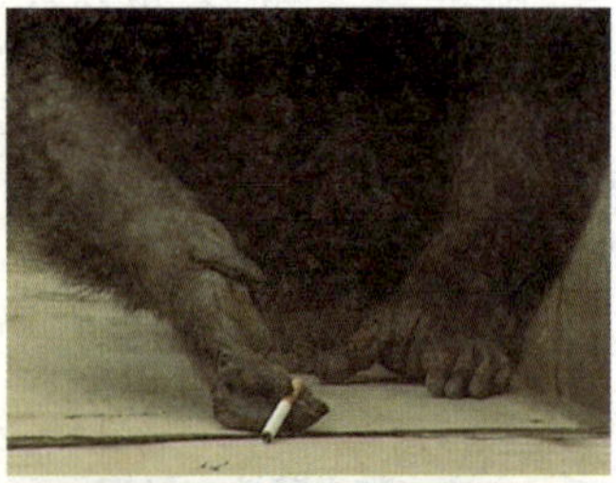

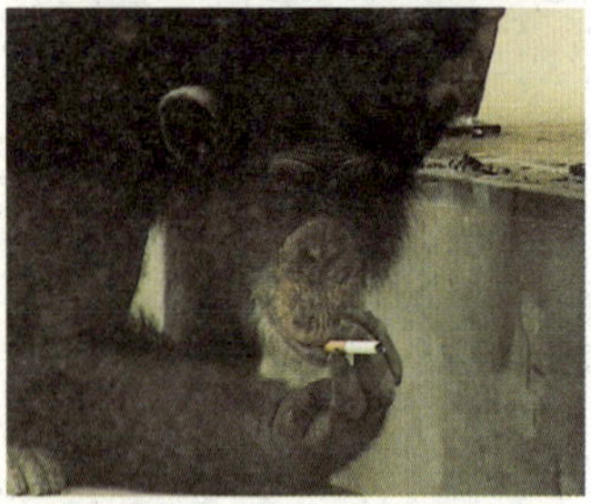

组图：黑猩猩艾艾的模仿能力很强，当它情绪最低落时，从拾游人扔下的烟头开始模仿抽烟，到学会了主动抽烟

第一次主动戒烟划上了句号

平淡的日子过了一年以后，动物园又从日本为艾艾找来一只长它3岁的黑猩猩大虎作它的新丈夫。大虎的来到，使得艾艾重新找回幸福的滋味，在此后的日子里，艾艾变了个样。

大虎的到来，使重新找回幸福的艾艾很少再抽烟了

大虎对艾艾恩宠有加，投放饲料时，大虎总是先让艾艾把最喜欢吃的香蕉呀、橙子呀、梨呀吃了以后，自己才过去吃。平时它们坐到一起，大虎总会亲热地搂着艾艾的肩膀，就跟一对热恋中的情侣一样。大虎来之前，艾艾的烟量不断地往上递增。大虎来了以后，艾艾的烟量明显减少了。

虽然不再孤单的艾艾对香烟的依赖减少了许多，但偶尔还会去捡游人扔下的烟头吸上几口。我们知道香烟里的尼古丁是使人吸烟上瘾的原因，那么要多少根香烟的刺激才会使人染上烟瘾呢？科学研究显示，一个人在吸入大约100支香烟后，其脑部的化学物质就会发生明显的变化，开始对尼古丁产生了依赖。当然，养成了吸烟的习惯，也是抽烟上瘾的一种因素。

虽然我们还无法确切知道艾艾的烟瘾到底有多大，不过此时的艾艾对香烟的依赖性还不是很强，它最初吸烟也许是因为孤单，那么，一旦艾艾的生活丰富起来，它会不会就能够告别香烟呢？

不久，艾艾和大虎的第一个孩子出生了，这给艾艾增添了不少的欢乐。艾艾十分疼爱它的孩子，经常逗孩子玩。有时孩子一叫，它就把宝宝紧紧地搂在怀里。加上要经常哺乳，忙得团团转的艾艾似乎忘记了吸烟。陶醉在初为母亲喜悦之中的艾艾，身体和精神状况一天天好了起来。两年以后，艾艾的孩子被送到了沈阳动物园。尽管这种母子分离让艾艾感到痛苦，但艾艾只是烦躁，并没有增加吸烟量。

一年多以后，艾艾的第二个孩子灵灵出生了。这一次，艾艾对这个孩子更加百般呵护，只要孩子有一点动静，它就会赶紧抱在怀里。这时候的艾艾几乎不吸烟了。

然而灾难又一次突然降临，艾艾的生活再次遭到了巨大的变故：灵灵突然暴病夭折了，不久，大虎又在一天夜里因病突然死去。一下子失去了孩子和丈夫的艾艾，迷茫不知所措。不管是早晨还是夜里，

饱受到丧子、丧夫之痛的艾艾情绪跌入了万丈深渊，整天就这样呆坐着

艾艾经常就这么两眼空洞地呆坐着。

几天以后，艾艾又朝饲养员要烟抽了。出于同情和理解，饲养员满足了艾艾的要求。打这以后，艾艾就完全离不开香烟了。目前，艾艾平均每天要抽掉8～10根香烟。从它最初接触香烟到现在，艾艾已经走过了16个年头。现在，随着年龄的增长和吸烟对身体的伤害，艾艾的反应开始有些迟钝，经常出现便秘，精神状态比以前差了许多。看到这种情况，动物园的工作人员决定给艾艾强行戒烟。

但是，给高龄的艾艾戒烟，真正操作起来容易吗，而且戒烟就能够改变它目前的生活状况吗？

求助社会寻求戒烟妙方

为给艾艾戒烟，野生动物园决定向媒体求助，向市民征求戒烟良方。

《西安晚报》记者黄亚平第一个对艾艾戒烟进行了报道，随后更多的媒体也进行了报道。黄亚平介绍：报道以后，社会反响特别强烈，可谓高招迭出。《西安晚报》专设的热线电话开通的第一天就接到了100多位读者打来的电话，纷纷给艾艾戒烟支招。有的说喝戒烟茶。甚至有的小朋友出主意说，能不能给艾艾的香烟里面卷一个响炮，艾艾一抽，这个炮"砰"的一炸，受到吓唬以后，艾艾今后就不敢拿烟抽了。还有些老中医说要给艾艾针灸戒烟。

不过，这些戒烟办法到底能不能用在黑猩猩的身上呢？工作人员经过筛

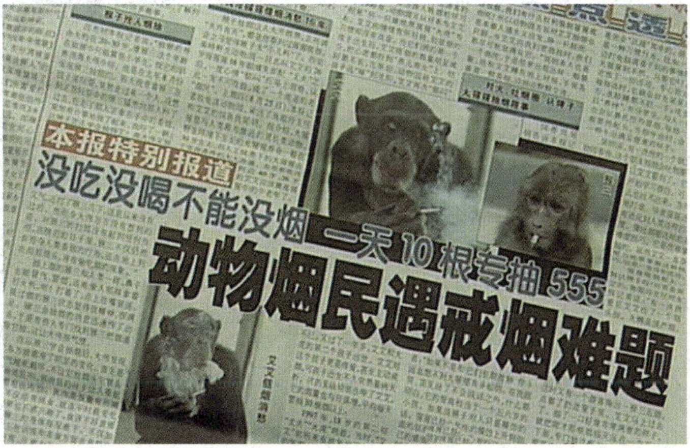

当地报纸等媒体公开向社会征集为艾艾戒烟的方法，引起了广泛的关注

组图：戒烟用的电子烟到了艾艾手里，变成了英雄无用武之地

选，决定先用几种方法进行试验。

第一招："电子烟"，闪亮登场。"电子烟"最明显的特点是装有人工合成的烟碱，即尼古丁，而不含有对身体有害的焦油等物质，它用电子芯片来控制尼古丁的摄入量，使吸烟者逐渐摆脱对香烟的依赖。

饲养员把"电子烟"递给艾艾，看样子艾艾似乎没有察觉到这支"烟"跟以往有什么不同，有滋有味地吸了起来。使用"电子烟"一段时间以后，艾艾的吸烟量开始下降了，人们无不为之感到高兴。

正当大家都以为没有问题了的时候，却发现这种高科技戒烟产品并不适合聪明的艾艾。由于"电子烟"不用点燃，艾艾见这根"烟"老抽也不见短，便产生了强烈的好奇心。一开始，它将"电子烟"正着抽一会儿，倒着抽一会儿，后来干脆将"电子烟"放进嘴里用牙齿咬呀咬，当工作人员好不容易将"电子烟"骗回来时，"电子烟"早已被破坏得面目全非。就这样，"电子烟"刚见一点成效就败下阵来了。

但是，工作人员给艾艾戒烟的决心并没有受到影响。这一次，他们为艾艾选择了"戒烟液"。

第二招：戒烟液，重装上阵。吸取了"电子烟"失败的教训，工作人员改为给艾艾一支能够点燃的真香烟，不同的是在这支香烟里加入了一种"戒烟液"。这种"戒烟液"采用30多种植物提炼而成，通过刺激口腔感觉神经来使烟味变淡，最终达到消除对尼古丁的依赖。

艾艾拿到这么一只"普通"的可以点燃的香烟总算心满意足了。可是，工作人员很快又发现了一个更大的问题。这种"戒烟液"属于薄荷型的，艾艾吸了感觉挺清凉，咽喉比较舒服，这样一来，它反而越抽越多了。虽然生产厂家说这是正常现象，过一段时间就会减少吸烟

牛奶瓶取代了艾艾手中的香烟

要想让黑猩猩彻底戒除烟瘾，除了动物园工作人员的努力，还需要游人的共同参与

量了，但大家还是不放心，加上担心“戒烟液”中的成分会对艾艾身体有副作用，于是，决定停止使用“戒烟液”。

两轮试验都以失败告终，这让大家多少有些泄气。既然没有速成的方法，只好采用“笨办法”了。

第三招：控制吸烟量，笨办法救急。首先饲养员对艾艾抽烟的要求不再有求必应。同时，在艾艾的饮食上大下功夫，比如增加一些维生素，多提供水果。艾艾平时最爱喝牛奶，于是，每当艾艾情绪不高时，就给艾艾喝牛奶。

另外，饲养员还给艾艾提供了特别的精神食粮，经常唱歌给艾艾听。艾艾除了能听到一般的歌曲，还能享受到当地特有的戏曲秦腔。饲养员还经常让另外一只雌性黑猩猩来陪伴艾艾。应该说，采用这些方法以后，取得了比较显著的效果。现在艾艾已经很少主动向人要烟抽，身体和精神也比过去好多了。

吸烟这一原本只属于人类的不良嗜好，却发生在动物的身上，这不能不引起我们的注意。除了工作人员的努力以外，游人的配合也至关重要。让动物远离人类的不良习惯，让它们更好地生活下去，这是我们人类的共同责任。

秦亚的童年

我国虽已人工繁殖成功多例大熊猫，但要更好地保护大熊猫，还是应主要依靠扩大其自然状态下的种群数量，这就需要了解其野外生存状态，拥有足够的详尽科学依据。虽然以往人们对大熊猫野外成长过程一直知之甚少、几乎是一片空白，但工夫不负有心人，科学家经过数十年的努力，终于揭晓了这个秘密，并通过镜头忠实地将其完整地记录了下来。

秦亚："趴在妈妈肚皮上又软乎又暖和，真舒服。可是，妈妈你可千万别翻身呀！"

主人公介绍

姓名：秦亚

族属：哺乳纲、猫熊科、大熊猫

性别：雌性

籍贯：陕西

出生年月：2004年7月

身份：我国特有的珍贵动物

现生活状况：已成年，开始独立生活

成长履历（由主人公自述）：

睁眼看世界

我的家位于秦岭南麓海拔1 500米的崇山峻岭中一个叫三官庙的地方。这个地名虽然对于大多数人都很生疏，但在专门研究我们家族的科研人员眼里却是一块宝地，一个最理想的地方。因为，这里是如今我们家族最大、最集中的两大栖息地之一（另一在四川），又是这块栖息地中成员最密集的地方，达到了平均每平方千米就有1名我们家族成员的密度。但即便是这样，真要亲近我们也还得走8千米险峻的山路。

我们家族的成员大都生性害羞，习惯独来独往，只有到了谈婚论嫁的时候才通过叫声和气味进行必要的沟通。我们家这块儿不像四川那边有那么多带空洞的大树古树，但有很多天然的石洞，其中的一个便是我的出生地。我是一个早产儿，但这不是妈妈不小心疏忽造成的，而是我们家族应对自然环境的一个高招。不单是我，包括妈妈在内我们家族所有成员其实都是早产儿。你想：我们原本是食肉的动物，随着环境的变迁，改吃竹子了，竹子当中的营养对于怀着宝宝的准妈妈来说，能满足自身需求都很勉强，就不要说肚子里的宝宝了。所以，母体必须让孩子早产出来，这样一是减轻了负担，二是可以通过母乳的喂养让孩子迅速地得到充足的营养，得以迅速地发育成熟。我出生后，这个山洞使我对这个新鲜的世界有了第一个直观的认识——黑糊糊、冷冰冰的。别看这里山洞不少，但都让那些定期上山了解我们生活状况、习性的科研人员们摸得门清。好在我们知道他们没有恶意，也就不当回事儿了。

有一点让我想不通的是：我跟妈妈怎么长得一点都不像呢？不单个头像只小耗子，而且全身也是粉通通的，没有妈妈身上那身黑白相间漂亮的花衣服。再就是妈妈圆头大脑，而我却没有轮廓、没有线条，如果有镜子照一照的话，就是长有一个黑窟窿的粉色肉团，那个黑窟窿就是我的嘴。我老怕妈妈压着我，所以总是用大叫来提醒妈妈，但口音和妈妈的也不一样，出来的声音是“吱吱”的……我很困惑，它是我的亲妈妈吗？可它为什么对我这么好呢？给我喂奶，给我用干草树叶铺了一个舒服的床，我冷的时候还一直抱着我……

唉！前面的问题就别提了，省得妈妈知道了伤心、生气。等长大了再自己去弄清楚吧！

外面的世界很精彩

在妈妈无微不至地照料下我满月了，妈妈准备抱我出门晒太阳啦。此前，妈妈先在家门口周边铺了很多干枯的树枝，这样，虽然我们视力不太好，但不管有谁来只要一踩在上面就会发出叭叭的响声，妈妈就可采取或躲开、或回家的应对之策……实在不行，别看我们改吃斋了，但妈妈的利齿、令人望而生畏的大巴掌和爬树的绝技，总是能逢凶化吉的。再说，这块地界儿上一般情况下也没有什么敢来招惹妈妈的特别穷凶极恶之辈。

洞外面亮堂堂的，太阳照在身上暖融融的，好舒服呀！可妈妈一点都没闲着：它一会儿把我搂在怀里，一会儿又把我放在肘弯上，一会儿又抱着我

秦亚：“家外阳光明媚，晒在身上暖融融的，真是一种享受。”

吃奶…… 尽可能地让我呆得舒服。而最令我释怀的是我也穿上了和妈妈一样整套毛茸茸黑白相间的漂亮“花衣”，不再担心妈妈是不是亲妈妈了。也就是在这时，我们被一支调查大熊猫种群情况的考察队发现了。他们并没有扰乱我们的生活，而是在相隔较远的地方观察我们，还给妈妈和我分别起了一个好听的名字“春天”和“秦亚”。自此，我们的生活中或隐或现地又多了一些关注的目光。

又是1个月过去了，这段时间妈妈为照顾我吃不好睡不好可累得够呛，因此有时不得已把我暂时单独放在家中，自己到旁边不远处的竹林中去吃点东西。一天，妈妈去吃饭了，我正在家里感到孤独害怕，那群一直在观察我们的人来了。他们发现妈妈不在，便从猜测到展开了争论：有人说是妈妈不要我了，要把我抱走由他们来抚养；有人说像我这么大的小熊猫由人类来抚养很难成活，仍主张再观察一下…… 我好害怕，吓得哇哇大叫。好在不远处的妈妈听到了我的哭声马上赶了回来。这些人便赶快离开了。

秦亚：“不要把我抱走呀，我要妈妈。哇！哇！哇……”

下雨了。俗话说“一场秋雨一场寒”，在我们家这山高林密的地方更是如此。由于我们家族是半路出家改吃斋的，因此对食物总不能很好地消化，只能消化吃进竹子的17%，所以要将大部分时间花在吃上。为了有足够的能量抵御越来越冷的天气，妈妈每天要花14个小时来进食，直到撑饱肚皮然后倒地就睡，饿醒了再吃；而我仍在吃奶，竹枝还只不过是一种玩具。

我3个月大了，冬天也快来了。妈妈或是发现了周围有野兽出没的迹象，或是对人产生了戒心，决定带我搬家。搬家就像捉迷藏，我们走走停停，然后妈妈让我藏在一个地方，自己却朝另一个方向走去，“疑兵之计”一下就把那些跟踪我们的人给甩掉了，这叫声东击西，好好玩呀！

但后来那些人还是跟了上来……

秦亚："第一次跟着妈妈去远足，真好玩！"

"上学了"

冬天来了，虽然我们的名字中有一个"熊"字，但却不能和熊一样冬眠，因为我们仍得不停地吃，可在冰天雪地的丛林中寻找可以充饥的食物可不是件易事。我仍是吃奶，妈妈自有它的办法，不用我操心。

1月份开始下雪了，大地白皑皑一片，走起路来松松软软咯吱吱直响，真好看、真好玩。可妈妈却不许我玩痛快，偏偏让我学爬树。也难怪，在这无遮无掩的雪地上，要是碰到青鼬、金猫这些坏蛋就麻烦了。虽然妈妈不怕它们，可我？嗯，还是呆在树上安全。别看妈妈上下树轻松自如，可我学起来并不轻松。但是性命攸关，不学不行呀！于是在屡败屡试、屡试屡败中，在付出了无数个屁墩和四脚朝天仰巴跤的代价后，终于大功告成了。

我有5个月大了，妈妈开始带我外出觅食。对于我来说，一切都是那么新鲜；而对于那些一直观察我们的人来说，这同样也是难得一见的，数十年来他们也没拍到过几张熊猫妈妈带着小宝宝外出觅食的照片，这次他们可"大开眼界"了。吃饱了，我要睡觉了：爬到树上，什么也不用怕，这一觉我准备睡它20个小时。

春天总算来了，这时我已9个月大了，妈妈说要给我断奶了。我好着急，那我饿了吃什么呀？妈妈带我来到林间，泥土中已拱出了好多嫩嫩的笋尖，嚼一下鲜嫩可口，真好吃。于是本小姐胃口大开，先竹笋、后竹叶、再整根的竹子，吃得不亦乐乎。转眼间，我已经一岁半了，吃、睡之余妈妈就陪我在林子里一起玩耍，日子过得好快活呀！

一天，妈妈带我来到一条小溪旁，妈妈几步就趟了过去，我好害怕，既不敢下水又怕妈妈走了，急得团团转。妈妈等了我一会儿看我不敢下水，就又返了回来鼓励我试试。这时，一头小羚牛跟着它的妈妈很顺利地就趟过了溪流，看得我是又眼馋又忌妒，但还是不敢下水。妈妈没办法，

秦亚："我终于成功啦！"

最后只好领着我另外寻找更容易过河的地方去了。妈妈真棒，看样子还有很多东西要跟妈妈学呀……

秦亚："妈妈等等我，我害怕！"

放"单飞"

又是一年春来到，我就要2岁了。现在我的本事可大了，什么上树、过河、找吃的，那都是小儿科，已轻车熟路；就连如何躲避天敌、保护自己，也都不在话下了。妈妈为我辛劳了这么长时间，我真感激它。这时，有一个叔叔整天跟着我们转，它在追求妈妈。我替妈妈高兴，但也有点担心，我也需要妈妈呀？终于，一直担心的事情发生了：

一天，妈妈又跟我玩起了捉迷藏的游戏。但这次，我真的再也找不到妈妈了，它走得真快，以至于连一直在暗中观察我们的摄影师的镜头也没能及时地把它拍下来。妈妈走了，这使我突然想起前些日子妈妈深情的一段话："等你长大了，妈妈就该离开了，你要去另外建立自己的家园。你长大了，也有了自己的一身本事，这就算妈妈给你远嫁的嫁妆吧！"当时我还以为妈妈在跟我开玩笑，拿我开心，没当回事儿，谁知这么快就……

现在我已经独立生活一段时间了，虽有风餐露宿的艰辛，也有"天高任鸟飞"的惬意与豪情。只要家园还在、竹林还在，我就会像妈妈一样，会有属于自己的感情，也会有自己的宝宝，更会好好把握自己的美好生活的。对未来，我满怀信心……

秦亚："独立了，我照样吃得饱、睡得香，小日子过得挺自在。"

狗文化

金鸡报晓去，玉犬迎春来。按照我国传统历法计算，2006年是农历丙戌年，俗称狗年。狗，历来深受人们的喜欢，我们甚至可以从狗身上直接触摸到古老文明的源头。

“泥泥狗”的习俗

四面环水的河南省淮阳市，地处中原腹地，古称宛丘、陈州，是我国历史传说中“三皇五帝”之一的伏羲氏的建都之地，素有“华夏文明三始祖，淮阳伏羲第一人”之称，“太昊伏羲陵”就坐落在淮阳城北，俗称“人祖庙”。每年农历二月二到三月三，当地人会从四面八方赶来这里参加祭祀人祖——伏羲和女娲。而在庙会上，人们总要把一种名叫“泥泥狗”的吉祥物带回家，祈求人丁兴旺、五谷丰登。

从四面八方赶来参加“人祖庙会”的人群

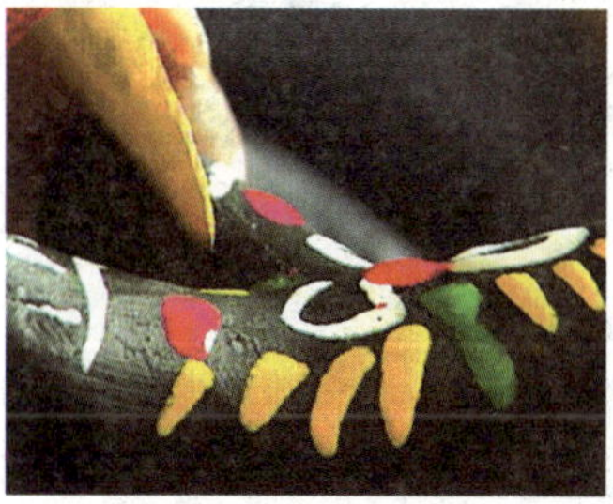
民间艺人正在捏制的泥泥狗

泥泥狗，是“太昊伏羲陵”泥玩具的总称，又称“陵狗”。相传伏羲氏率领部族从甘肃天水沿黄河一路向东迁徙，来到四面临水、草木丰茂的宛丘后，伏羲氏便化作一条黄狗，打败了另一部族首领，定都于此。从那以后，伏羲氏开始教民渔猎，驯养六畜，画八卦，作甲历，正姓氏，制嫁娶，创造龙图腾，开创华夏文明。而伏羲氏的“伏”就是半人半犬的形状。

反映伏羲氏定都宛丘的壁画

关于“泥泥狗”还流传着另一种传说。据说当年伏羲氏与女娲抟土造人之后，用剩下的泥渣捏了狗来帮助人们。就这样，淮阳人诚心实意地保留了捏制泥泥狗的习俗，以此来纪念伏羲氏、女娲繁衍人类和开创文明的功德，也正因如此，泥泥狗享有“天下第一狗”的美誉。

狗与人类情谊的传说

伏羲氏定都宛丘开创华夏文明已经是大约6千多年前的事了，而抟土造人与捏泥成狗的传说却传递

借助狗年的时机，泥泥狗第一次走出淮阳，参加了北京大观园的庙会

着人与犬类关系的原始信息。那么，狗究竟是在什么时候成为人类朋友的呢？

科学家在研究后，为我们描述了这样的一幅画卷：1万8千年前，也许是食物的诱惑，几只生活在亚洲的狼走近人类并留了下来。在分享美味的同时，它们也丢掉了狼的凶残，变得温和驯良起来。从那时起，人与一些特殊的狼（即后来我们称为狗的动物），开始一同打猎、一同进化、一同走过漫漫的历史长河，从争夺食物的对手变成相互信任的朋友。

在我国西南少数民族地区，还流传着这样的传说：很久以前，人类没有了粮食，是狗冒着生命危险从天上用尾巴夹带了种子回到人间，这样人类才有了粮食吃。我国西南许多民族传统的“尝新节”、“新米节”都和这样的传说有关。在那里，人们每年收获的第一把新粮都要先给狗吃。

而在我国北方，以游牧狩猎为生的民族，把狗看得更加重要，甚至把它们当作自己的家庭成员。生活在我国东北的鄂伦春族历史上以狩猎为生，鄂伦春人口口相传着这样的故事：他们的祖先曾经带着狗和狼一起去打猎，在一个寒冷的夜晚，狼实在不能忍受饥饿的袭扰，企图吃掉熟睡的主人，这时是狗及时发现了狼的阴谋，救下了主人。从那天起，鄂伦春人上山打猎一定要带着狗，并把这个习惯一直保留到今天。在鄂伦春猎人的眼中，猎狗是他们狩猎的好帮手，不仅能追踪受伤的野兽，还能在关键时刻与凶猛的野兽搏斗，为猎人赢得有利的狩猎时机。鄂伦春猎人常说，有好猎马不如有好猎犬，有时，要用一两匹马才能换回一条好猎犬。

狗对民族习惯的影响

在中国传统的马、牛、羊、鸡、狗、猪六畜当中，狗是最早被人类驯化的动物，也被人们视为最有灵性的动物之一。传说，6千多年前，伏羲氏命令他的助手飞龙氏朱襄始创汉字，使“天下义理必归文字”，而在汉字里，可以说“无犬不成兽”，许多动物的命名都有“犬”字作偏旁。

在东北，狗的忠诚和智慧甚至还影响了一个民族的传统习惯。

位于辽宁省沈阳市东郊天柱山的清福陵，是清太祖努尔哈赤的陵寝。在陵寝的围墙外，有一尊狗的雕像，远远地凝视着主人。凡是来清福陵观光的人，都要绕道这里听一听《义犬救主》的故事。传说努尔哈赤年轻时，曾经在明朝军队担任一个小官，由于一时说错话而引来杀身之祸，于是他连夜骑着青马，带着黄狗逃出军营。明兵闻讯后连忙追赶，当努尔哈赤被追赶到一片芦苇地时，他筋疲力尽，栽下马来昏睡过去。明兵追至，找不到他的踪迹，就想放火烧死他，烈火逐渐逼近努尔哈赤，他身边的黄狗见主人不动，就用自己的身体蘸满水，把努尔哈赤周围的芦苇弄湿，阻止大火烧到主人。当努尔哈赤醒来时，明军已经退去，而黄狗也累死在他的身边。努尔哈赤大为感动，为义犬立碑。据说满族人不吃狗肉的习俗就与这个传说有关。

鄂伦春人保留着上山打猎一定要带狗的习惯

清福陵围墙外的狗的雕像

狗的巨大贡献

狗，就这样朴实无华的从文明的源头开始与我们一路相伴。今天，它们驯服地陪伴在人们身旁，凭借敏锐的嗅觉、独特的身体结构、超高的智慧和绝对的忠诚，它们在越来越多的工作岗位上，成为人们得力的助手。

在寒冷的北极地区，厚厚的积雪和广袤的冰原本是人们出行时最大的障碍，但人们利用狗的超强奔跑和拖拽能力，给一群狗套上一个雪橇，不但加大了载重，而且提高了运输速度。狗不仅在这里充当交通工具，还凭借自己的嗅觉，帮着猎人寻找海豹的踪迹。

狗的嗅觉灵敏度是动物界的佼佼者，灵敏到了人们不可想象的地步，它们的嗅觉细胞比人类多40倍，嗅觉灵敏度比人类高出几百倍。人类的鼻子只能闻出2000~4000种气味，而狗却可以分辨出200万种不同的气味，从100万个

辽宁省鞍山街头的巡逻犬

气体分子中筛选出1个分子。在它们的鼻腔里充斥着来自外界的陌生气味，气味经过它们结构精细的曲骨，把讯息送到狗脑中的嗅觉延髓。正是凭借着这样的超级嗅觉，狗帮助人类以低廉的成本完成了很多危险的工作。

在第二次世界大战中，一批新西兰牧犬协会的平民，组成了K9军团，其间士兵和军犬一起受训。训练结束后，这些牧犬就分别充当战斗犬、通信犬或者补给犬。前苏联也建立过4个反坦克军犬连，利用504条受训军犬协助炸毁德军坦克300多辆。据统计，出现在第二次世界大战战场上的军犬，达25万条之多，它们执行着探雷、警戒、传令、侦查和拉雪橇等多种任务。

在美国，人们让狗帮助人们寻找建筑物中白蚁的藏身之处，在没有任何辅助的情况下，狗的成功率接近100%。除此以外，狗能依靠自己的嗅觉闻出人体靠近皮肤的癌细胞，让皮肤癌患者及早就医治疗，还能从人呼出的空气样本中，判断出肺结核，甚至在人的尿样中分辨出膀胱癌的气味。

在科学研究领域，狗对人类的贡献同样不俗。1957年，俄国的来卡犬成为进入太空的第一只动物；而关于一个狗流口水的实验，让巴普洛夫证明了条件反射是如何产生的。2005年底，美国科学家已经成功地绘制出了狗的基因图谱，研究表明，狗和人类的基因中有96%是相同的，这也许解释了虽然从外表上看，人和狗还到不了称兄道弟的程度，但是在爱狗人的眼里他们早就是一家子的原因。

人类和狗之间，有着太多的情愫、太多的故事，它从人类的文明之初，一路陪伴我们而来，分担我们的痛苦、感受文明进步的每一个脚步。还是让我们记住米兰·昆德拉的话吧！——狗是我们与天堂的联结。它们不懂得何为邪恶、嫉妒、不满。在美丽的黄昏，和狗并肩坐在河边，有如重回伊甸园。即使什么事不做也不觉得无聊——只有幸福平和。

狗以它们的真诚向人类架起了友谊的桥梁

狗帮手

一万多年前，狗收起狼的野性，俯首恭顺地走进人类的牲畜栏，凭借自己灵敏的嗅觉，成为人类围猎的得力助手。

今天，狗以敏锐的洞察力成为人们感官的延伸，并且用特别的方式贴近人类的心灵，成为人类的——

医生犬

在成都有几位特殊的大夫会定期到华西医科大学第四附属医院参加义诊，它们虽然没有妙手回春的本领，但是它们会用自己的亲切和友善给那些处于生命边缘的患者带去欢乐和慰籍。它们就是持证上岗的“医生犬”。

在医院姑息关怀科里，身长近2米、体重100多千克、外形酷似狮子的圣伯纳犬“小虎”，正要通过让16位重症患者触摸自己的方式来减轻他们的病痛，进而达到抚慰其心灵的目的。

而在北京新源西里小学特教班里，医生犬要面对一群患有自闭症的孩子，通过交流来缓解他们的自闭症。在接受了一年多的特别治疗后，特教班的孩子们都有了不同程度的进步。他们可以简单地向其他人表达自己的意思，可以和医生犬一起做一些简单的游戏。而在此之前他们从没有像正常儿童那样快乐地玩过游戏。

迄今为止，现代医学仍无法解释自闭症的机理，也没有研制出有效的治疗药物，但十多年前，科学家们意外发现，有宠物狗相伴的自闭症患者，能和其他人开口谈论自己的犬类朋友，甚至可以由此延伸到其他话题。从此，医生犬为自闭症患者带来了希望。

医生犬是从市民饲养的宠物狗中挑选出来的，尽管没有严格的学习培训，但也不是任何一只宠物狗，都能够挑起医治病人的重任。医生犬必须要身体健康，温顺听话，不对陌生人产生敌意；同时还必须要宽容大度有涵养，对人们的一些不当行为（如撕扯），能忍受且不反击；而且它们还要具备主动和人沟通的能力。

狗，就这样走进了人们的心灵，同时它们还成为人类感官的延伸，甚至替代品，去帮助那些身体有残疾的人们。

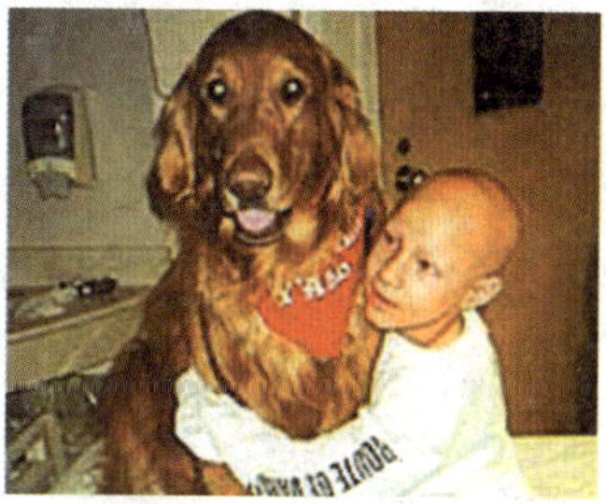

医生犬陪伴着儿童癌症患者

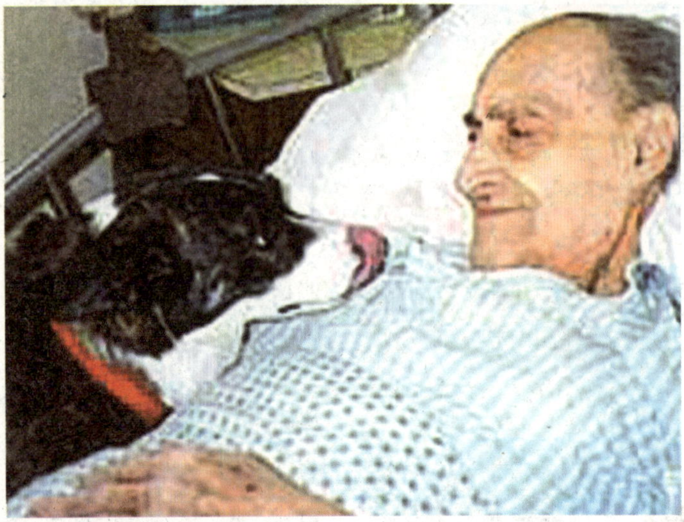

医生犬为老年病人带来无限安慰和欢乐

导盲犬

在大连医科大学动物实验中心楼前的雪地上，3只大个头的狗正在开心地做游戏，它们就是我国正在接受专业训练的第一批导盲犬——拉布拉多犬“石头”、金毛猎犬“毛毛”和“璐璐”。别看它们现在在雪地里这么疯地玩儿，可是一旦戴上套索，它们马上就会进入到工作状态中。

首先进行的是走直线的训练（即随行训练）。别看就是走走直线，这里面可很有学问。和普通人平时遛狗不同，这种训练不是人带狗走，而是狗带人。所谓狗带人，就是犬必须比人要多前进半步，始终走在人的前面，这样，到了危险的路段，狗一停下来，就能把人挡住，盲人马上就会知道有情况，也停下来，然后再决定怎样行动。在随行的时候，导盲犬必须要克服外界环境带来的干扰，专心致志地工作，否则它就可能随意地把盲人带到不应该去的危险地方。

如果说走是导盲犬的基本素质，那么在适当的时候停下来，也是它们的必修课。因为只有在遇到情况时能够主动停下，才能保证盲人的安全。最常见、最具代表性的训练之一，就是让它们能够在障碍物前主动绕行或停下，并用身体的倾斜来向主人发出信息，等待主人发出口令时再继续前进。

上下台阶对导盲犬而言是一项很重要的训练，和绕过障碍物一样，遇到楼梯时，导盲犬必须用身体阻挡一下主人，等待主人有所准备并发出命令后再继续前进。

除了随行训练，导盲

“导盲犬小Q”的原型可鲁一生为盲人服务

“石头”目前的训练员王曦每天带着“石头”重复着训练项目

犬还必须具备良好的耐性。比如主人去商场购物或者需要独自去办一些事情，这时导盲犬就必须在规定的地方等主人回来，不论外面是冰天雪地还是晴空万里。

导盲犬上路工作的关键训练项目，是正确识别红绿灯。大家都知道，狗是色盲，可虽然分不清楚颜色，但是它们对光的强弱非常敏感。所以，它们通过红绿灯所发射的不同强度的光，还是很容易就能分清楚现在是红灯还是绿灯。

训练一条优秀的导盲犬，并不是一件容易的事情，为了让训练更有针对性，驯犬师经常用毛巾蒙住自己的双眼，亲自体验盲人走路的感觉。

为了让训出的导盲犬更适合盲人的思维和行动方式，大连医科大学的驯犬员还想出一个独特的方法，就是亲自体验给盲人带路的感觉，然后再把这种感觉传达给训练中的导盲犬，以此来保证训练动作的实用性。

目前，大连医科大学的导盲犬“石头”已经逐步开始与盲人一起进行合作训练了，再过不了多久，它就可以成为真正的导盲犬了。

消防搜救犬

在沈阳消防支队特勤三中队，有一批特殊的成员，它们和消防队员们亲如伙伴，经常一起出现在火灾救援现场，它们就是火场上的奇兵——消防搜救犬。

这支消防搜救犬队伍，成立于2002年，是全国最早投入抢险救灾工作的元老。它们屡建奇功，在火灾和事故现场，挽救了很多人的生命。

平日里，消防搜救犬与队员们共同训练，训练中你追我赶，坐、卧、站、跑，决不偷懒，也从不懈

训导员正在训练消防搜救犬

怠。对于已经上岗的消防搜救犬来说，这样的训练每天都要进行几次，虽然每次高强度的训练之后都累得够呛，但是它们却都习惯成自然了。

不过要想成为本领超群的消防搜救犬，有良好的身体素质和技能，关键还要从狗娃娃训起。从简单的初级训练到协同训练，从爬云梯到走钢丝，狗娃娃们一步步成熟起来，在重重的训练和选拔后，最终走上消防搜救犬的岗位。

目前，沈阳消防支队消防搜救犬的服务范围，已经扩大到东北三省，同时还向全国同行输出大批训导员和成熟的消防搜救犬。

凭借着对人的忠诚，这些消防搜救犬成为人们眼睛、手和脚的延伸，因为它们的勇敢，很多被困在纷乱废墟中的人们，得到了及时的救助；也正是因为它们出色的表现，让人

消防搜救犬研究班的全家福

缉毒犬正在执行着自己的使命

们把它们和勇敢、正义联系在一起，从而赢得了人们的欢迎和尊敬。

缉毒犬

狗，之所以在人们的印象里一直是正直勇敢的化身，还要归功于它们投身到了人类维护法纪，消除罪恶的工作当中。

在漫长的进化过程中，狗的嗅觉优势被保留了下来。狗鼻子里的嗅觉细胞比人类的多40倍，它可以分辨被稀释了100万倍的气味分子，灵敏程度超过了人们目前制造的所有仪器。正是这个优势让它们进入缉毒斗争中，成为最机敏的战士。

在候机楼里，缉毒犬卡尔和罗莉一发现可疑的行李箱后，会马上向训导员示意。为了完成检测任务，它们需要在10多米长的传送带上不停地往复奔跑，有时一天下来要跑上几千米。曾经有狡猾的毒贩把毒品藏在鱼的肚子里，再用冰冻上，想用鱼的腥味掩盖毒品味儿，这个精心的设计虽然躲过了X光机的检查，却栽在了缉毒犬卡尔和罗莉的鼻子之下。

相对于比较封闭的候机楼来说，货仓和邮件中心的环境就要复杂得多，缉毒犬工作的难度也要大一些。风是影响缉毒犬工作的最重要的因素。缉毒犬在进行搜查时，驯犬员都选择下风口迎着风向开始，并且根据风速的大小，指挥缉毒犬进行细致的搜索，不漏掉任何气味。一只缉毒犬30分钟就能将500个邮包检查完毕，这个效率是任何仪器无法比拟的。凭借着鼻子，缉毒犬一次又一次地立下了赫赫战功。

犬类能够担任这些工作，全是它们鼻子的功劳，人们让它们在复杂现场救人、缉毒、搜查危险物品，甚至还让它们寻找隐藏在建筑物内部的白蚁，难怪有人这样评价人和狗之间的关系：我们人类把多余的时间、空间和爱给了狗，而狗却拿出它的所有作为回报，这些，应该是我们人类有史以来最划算的一笔交易了。

狗伴侣

人类的世界，纷繁复杂、丰富多彩，而狗也早已成为很多人生活中不可或缺的伴侣。人类总是希望它们能够分享自己的快乐，一起享受生活的美好。于是狗的生活里，就不可避免地有了人类行为的影子。

狗的饮食起居

“民以食为天”。都市里人们的生活水平越来越高，在食品上，健康食品成为越来越多人群的首选。狗既然已经成为养犬人家庭中的一员，主人当然不会忘记给这些可爱的狗狗挑选健康食品。于是，在宠物用品店里，各种各样的狗粮让人眼花缭乱，包装上还清楚地表明配方、营养成分、适用的狗群。

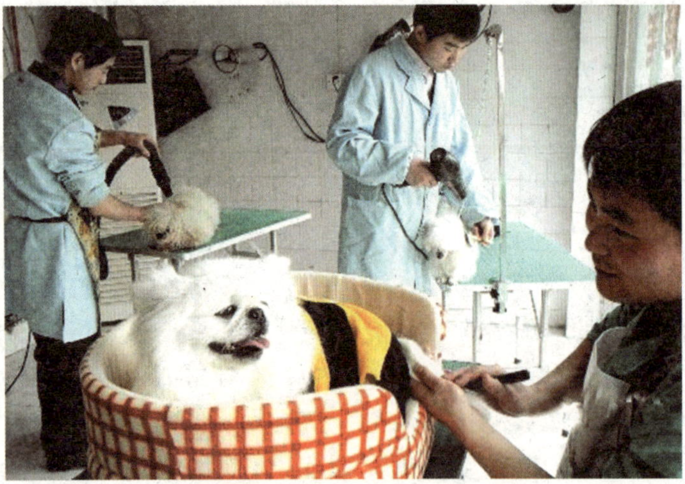

宠物医院的工作人员正忙着给狗狗洗澡

种类繁多、包装精美的狗粮

当都市人普遍感到生活节奏带来的压力问题时，自己放松度假的时候，那些爱狗人士也不忘给自己的宠物来次大假。法国巴黎的一家豪华酒店，便应这种趋势为客人和他们的宠物狗推出了一种特别的豪华套房，使狗狗也享受到贵宾待遇。在豪华套房中，一切服务都是非同一般的。法国大厨亲自掌勺，专人特别送餐，品种极为丰富，有白水炖鸡、生鱼片、狗汉堡等花样繁多的狗餐。水足饭饱后，还有专门的按摩师上门为狗狗服务，从抹名牌狗香波、泡蒸汽热水浴，到烘干狗毛后的全身按摩，真是呵护得无微不至。

休闲之余，狗主人们还要让狗狗们练练瑜伽，调整紧张的心情。“小狗瑜伽”，又叫“拉夫瑜伽”，是一种让主人和爱犬一起练习的瑜伽。这事儿无论听起来还是看起来都有些古怪，但不少爱犬人士还是愿意一试，而且结果看起来也还不错。发明小狗瑜伽的教练，本来就喜欢练瑜伽功，在练习时，她发现家中的狗每次都主动把垫子拉出来，希望能和她一起做，于是她就着手设计了小狗瑜伽。虽然在大多数人眼里小狗瑜伽只是个笑话，但她设计小狗瑜伽并不是为了哗众取宠，而是希望在人们练习瑜伽的时候可以让自己的狗狗也加入其中，成为真正的伴侣。

除了练瑜伽功，美国加州一只叫左维的狗，在主人的培训下，俨然成为一个冲浪的高手。

可以看到，人类越来越多地把狗作为自己生命中重要的伴侣，而不再是单纯的看家犬。

狗狗陪着主人一起抽烟

一名俄罗斯驯狗人在圣彼得堡举行的宠物狗时装展上带领狗模特表演

狗的服饰美容

“爱美之心人皆有之”。绚丽的色彩，时尚的款式，是很多年轻人对服装的追求。现在，养狗的人们更是把爱美的心理转移到了狗狗身上，让它们也能身着各式各样服装行头来招摇过市。而给狗设计服装也成为了一些爱狗人士们的一大乐趣，像本来身上一毛不长的中国冠毛犬，却被主人套上了五彩缤纷的外套。

狗主人们不仅要设计狗的服饰，还要给狗进行美容。给狗美容，最早起源于贵宾犬。早期的贵宾犬是人们养来捕猎鸟的工作犬，它们每天都在拥挤的矮木树丛中穿梭，而它一身浓密的卷毛很容易被树枝勾住，行动起来非常不方便，更容易惊扰附近的小鸟。主人为了避免这些

美容后的贵宾犬

困扰，特地将它的一身卷毛剪短。渐渐地，这种剪毛就演变成了给狗狗们制造出各式各样有趣的造型来。现在，贵宾犬经常遭遇主人们美容、染发、扑金粉的礼遇，真是优雅时尚，个性独特。而来自英国的约克夏，身上长长的泛着金属光泽的丝毛，却经常被主人扎成亮丽的小辫儿。或许你很难想象，一只地地道道的原装中国松狮犬可以从美容院走出来后，变成活脱脱一只国家级保护动物——大熊猫。

当然不是所有的狗狗都很漂亮，那些面貌不怎么美的小狗们，同样有人喜欢，甚至有人每年都要进行丑狗之间的“选丑”大赛。2005年，一只纯种的中国冠毛犬萨姆在大赛上出尽风头。这是它第三次蝉联世界丑狗之冠，成为名副其实的一代“丑狗之王”。

萨姆体形干瘦仿佛木乃伊，皮肤满是褶皱，原本全身在头部、脚部和尾巴上长有稀疏的毛发，由于“年迈”，只剩下头顶的一小撮白毛。

集体休息中的小胖狗们

除了美容、选丑，连“狗减肥”现在也被许多爱狗人士提上日程。哥伦比亚就有一所“小狗减肥学校”。一大早，各家的小肥狗们就在减肥学校的直达班车上相会了，每只小狗都有自己的座位。老老实实呆着别动，是车上管理员对所有小狗的要求。30千米的车程不算短，熬到下车后，小狗们还要接受一个接着一个的训练，与此同时为了保持身材还得少吃粮食多喝水。据减肥学校的老师说，小狗学员们一天中最喜欢做的事，就是在午饭后听老师讲故事。能听懂多少不知道，但是至少这个时候它们可以舒舒服服地趴在地上，不用像赶集一样“狗不停爪”了。

狗的名字

每个人都拥有自己的名字，在人类社会交往中，名字的重要性不言而喻；而居住在人类家庭里的狗狗们，也都各自拥有一个响亮的名字。但狗狗们是否真的知道自己姓谁名孰呢？

其实，狗并不像人类一样具有自知能力，它之所以对自己的名字作出反应，和听到名字的频率以及从中获得的相应对待有关。狗狗们每天都会听到自己的名字从主人嘴里发出，这个声音往往意味着开饭、游戏等对狗狗来说开心的事情即将开始。刚开始，狗狗只是留意到听到这种声音后的良好感觉，在3～4天甚至更短时间内，它们便会对自己的名字有所回应。

狗狗对名字回应的方式取决于人们说话时的语调和表情。它们能非常明确地区分一声欢快的呼叫和一句严厉的批评，并做出截然不同的反应。看来，狗狗懂得，人们叫它的名字时希望得到它的关注。人类和狗，在朝夕相处之中，慢慢培养着彼此之间相伴的默契。

狗言狗语狗动作

人们常常会用拥抱或者亲吻来表示彼此间的亲热。但是当你的宠物小狗伸出舌头来舔你的脸时，你可千万别会错它的意。其实它不是在亲吻你，而是一种本能的求食动作。

人狗共舞

在野外，饥饿的幼犬无法为自己猎食时，就会舔狗妈妈的脸，搜寻一些食物的残渣。同样，这个动作也会引起狗妈妈的反应，马上反刍一些食物给幼犬。所以，当你的爱犬热泪亲吻你的时候，给它个肉骨头要比对它的亲吻更让它感受到来自伴侣的欣慰。

狗的心思，人们未必全都了解，就像不同国家、不同语言的人们交流，需要翻译一样，人和狗之间的交流，也应该来个翻译。而日本一家玩具制造商别出心裁地设计出的“狗语翻译机”，给那些渴望与狗伴侣交流的人们，提供了一种可能。

带上狗语翻译机，不仅让狗狗看上去很有现代金属感，还能把狗的叫声所表达出的意思翻译给主人。被固定在狗项圈上的麦克风收集到的狗叫声，经机器自动分析成接受到的声音信号，并且翻译成“快乐”、“伤心”等6种不同的感情，然后在液晶屏幕上显示出相应的文字。有了这个转化翻译机，小狗恐怕再也没有说主人坏话的机会了。

狗伴儿的相处之道

人类是如此宠爱着狗狗，把它们当作生命中不可或缺的伴侣，但当这些狗狗不听话的时候，人们该怎么面对呢？

凡是狗都潜在着好

斗的天性，从吉娃娃到大型犬都一样。对待那些喜好争狠斗勇的狗，英国的训狗师总结了这样的秘诀——给狗予以不断强化的正面鼓励和肯定。如果爱犬的表现良好一定要给它奖励，一旦它犯了错误却不一定要体罚，大多数情况下，狗的错误在于主人并没有告诉它到底怎样的行为方式才是正确的。这其中尤为重要的是要去理解狗的想法，即使不能完全清楚，也可以通过关注它的肢体语言去了解。比如狗如果像蜥蜴一样吐舌头，那是它感到不安的信号。

不仅那些麻烦狗需要这种强化正面鼓励的训练，即使是性格顽劣的狗也可以通过训练有效地控制好斗的习性。

世界上最凶猛的犬类，非来自我国青藏高原的藏獒莫属。硕大的身体、厚厚的皮毛以及它坚毅的目光，仿佛对周围的一切充满着敌意；低沉的吼叫，沉寂的性格，又仿佛在向人们诉说着青藏高原上，关于神犬藏獒终生只忠于一个主人的传说。民间传说“九犬出一獒”，由于性情孤傲，它一生之中，只亲近自己的主人。藏獒真的性情那么凶残和野性吗？在北京郊区的中国藏獒训练基地，那里的藏獒虽然桀骜不驯，但却很好地被控制了好斗的习性。这与正面鼓励的训练是分不开的。一旦它们适应了训练，还可以改掉它从小养成的其他坏习惯。2005年6月，还有一位更大胆的电影导演挑选了一只名叫贲头的藏獒来担任电影的主角呢！

人类用自己的信任和爱维系着与狗的伴侣关系，而狗用它们的绝对忠实，回报着这份来自伴侣的情谊。

《卡拉是条狗》中那人与狗深深的情谊，是每一位爱犬人士感同身受的

军马传奇

自阶级社会产生以来，发生在人类历史上的战争，几乎都有马的参与。可以说在古代中国，马的主要作用是在战场上，因为立下战功，才获得人类的褒奖。原本自由自在地驰骋在原野上，却被驯化后卷入人类的战争，马的命运轨迹也从此改变。

“胡服骑射”使赵国军队的战斗力大大提高

高原龙驹——河曲马

从成吉思汗盘马弯弓，到努尔哈赤策马纵横，古代君王霸主的天下大多由马上得到。于是，“车辚辚，马萧萧，行人弓箭各在腰”便成了中国数千年中最常见的图景。

春秋战国时期，地处北方的赵国大举进攻地处中原、擅长车战的中山国。赵武灵工认为要除掉中山国这个“心头大患”，必须学习胡人的长处。不久，经过潜心改革的赵国军队骑兵完全改变了面貌：士兵身穿胡人的窄袖短袍，皮靴革带，骑着千百匹马冲杀而至，击溃了惊得目瞪口呆的中山国的弓弩手。学习“胡服骑射”的赵国最终降伏北胡、消灭中山、大破秦齐，威震六国。从此，骑兵作为一种独立的兵种正式登上中国战争的舞台。

马自从成为战争工具卷入人类战争后，命运也从此改变。然而，作为军马必须具备好的速度和耐力。但是，中原诸国并不出产符合军马条件的良驹。相反，偏居陇西的秦国却显示出在马背上的强大优势。秦人素来善于驭马，替周天子养马的就是秦人的先祖。从秦始皇的墓葬坑中出土的举世闻名的兵马俑中的马俑，就是按照河曲马的形象塑造的。可以断言，秦始皇统一中国时军队拥有大量的河曲马。

河曲马是中国三大名马之一，与蒙古马、伊犁马齐名。所谓河曲就是九曲黄河的第一弯。逐水草而居的古羌人在黄河九曲之地培育出了河曲良马，享有“神骏”、“龙驹”之称。河曲马后来被秦人引入战阵，帮助秦始皇统一了中国。

此后，河曲马因其品质优良而倍受青睐，每逢“招兵买马”，都首选河曲马，并被作为历代朝廷的“贡马”。

河曲马作为中国的第一代军马，在经历了一次次战争洗礼后延存了下来。位于甘肃、青海、四川三省交界处的若尔盖草原是河曲马的养育之地。这里虽然海拔3 500米，但降雨量多，水丰草茂，在这种自然条件下长成的河曲马对高寒、低压气候有着极强的适应能力，以适于高山骑乘、长途跋涉闻名天下。

随着骑兵作为兵种的消失，河曲马何去何从引人注目

新中国成立后，若尔盖草原军马场仍然每年培育出成千上万匹河曲马，在国防建设中立下了功劳。1962年10月，中印边界自卫反击战在“世界屋脊”上打响。在气候恶劣、地势险峻的战场，其他著名战马均因高山反应被撤了下来，只有河曲马表现出了卓越的品质，坚持随部队转战高原，歼灭入侵之敌。河曲马的出色表现，使它从四类保护马被提升至国家二类保护马。

但是，在现代战争中，机械化部队取代骑兵部队已经成为一种必然的趋势，注定了冷兵器时代出现的军马将要被淘汰。若尔盖草原军马场在20世纪90年代末已经失去了昔日的繁荣，源于草原，兴于战争的河曲马受到了冷落。

有人说：“河曲马在草原上驰骋的样子，和黄河一样美丽。”其实当黄河在若尔盖草原转过第一个弯，来到下游的兰州城，那原本像宝石一样青绿的河水却突然变得浊黄了。那么，像黄河上游水一样清澈美丽的河曲马，会不会慢慢地消失，它们将会有怎样的结局呢？

1962年中印边界自卫反击战中，服役于我军的河曲马在运载物资中表现了与众不同的优秀品质

民族交融的结晶——伊犁马

伊犁是欧亚大陆文化的发祥地之一，这里的马在汉朝时由遥远神秘的西域走进中原。公元前119年，张骞出使西域，与伊犁河流域的乌孙国建立了联系，几年后，乌孙王以千匹乌孙马作为聘礼向汉朝公主求婚。高大剽悍的乌孙马令汉武帝惊为天物赞不绝口：“神马当从西北来”，并赐名为“天马”，欣然将公主远嫁。大批良马的引入对改良汉军战马品种、抵御匈奴进犯有着极

其重要的意义。

富有传奇色彩的“天马”的故乡就在今天我国新疆维吾尔自治区伊犁哈萨克自治州昭苏县，这里是古代乌孙国的故地。伊犁马平均身高1.5米左右，体格高大，性情温顺，乘挽兼用，力速兼备，耐寒粗饲。曾经是我国耐力最强、速度最快的名马之一。在清朝极盛时期，伊犁马使清军的战斗力大大提高，在平定准噶尔的叛乱中，伊犁马屡建奇功。乾隆时期，清政府在伊犁大力兴办马政，建立多处马场，对伊犁马的改良和发展起到了积极的作用。

富于传奇色彩的伊犁马

2005年7月25日，在昭苏县一年一度的传统赛马大会上，13岁的著名小骑手巴特获得了冠军。他的赛马——“黑风”已经在宁夏得过一次第三名，在新疆维吾尔自治区举办的全国民运会上拿过冠军。有意思的是在黑风的身上印着“八一”的标记，这表明它来自昭苏军马场。

小骑手和他的冠军赛马——军马后代“黑风”

昭苏军马场曾是我国主要的军马产地之一，这里出产的军马不仅在古代战争中发挥过重要作用，在近代战场上也是屡建功勋。今天，在昭苏县波马边防哨所，体格高大，忠勇灵活的伊犁马依然是中国边防部队骑兵们的骄傲。

伊犁地处中西亚文化交流的连接地带，是一个融会中外精华与奇异的神奇之地。开始，当地的马种融入外血马的优良基因，逐渐形成了体格剽悍的哈萨克马。后来，以哈萨克马为母本，引进奥尔洛夫、布琼尼、顿河马等外血品种为父本，长期杂交培育成为伊犁马。

今天，这种改良并未因轰鸣的马达声掩盖了轻快的军马蹄声而中断。近年来，为进一步提高伊犁马的身高和速度，昭苏军马场花费百万巨资引进英纯血等国外顶级赛马作为父血，对伊犁马进行品种改良。但愿优秀的伊犁马不会因战争形式的改变而受到完全的抛弃。

我国边防哨所的战士骑着伊犁军马巡逻，伊犁军马依然是他们的骄傲

丝路神骏——山丹马

在祁连山下的甘肃省山丹县有一座世界上最古老的军马场——山丹军马场。从汉代开始，这里作为皇家军马场的地位从来没有动摇过。

山丹军马场在历史上曾称为大马营草滩。西晋有民谣唱道：“凉州大马，横行天下”。当年的凉州大马就出自大马营草原。被巍巍祁连山和焉支山环抱的这片草场总面积2 192平方千米，曾是西北少数民族游牧的最好草场。公元前121年，汉武帝派骠骑将军霍去病西征，两度“出河西”、“逾焉支山”，将匈奴逐出河西。从那时起，大马营草滩便成了历代皇家马场，在马政鼎盛的唐代，这里所养良马多达7万匹以上。

随着朝代更迭，马场也改旗易帜。1949年秋，山丹军马场由人民政府接管，开始为部队培育新一代的军马品种。

要培养出全能的新品种军马，选用种马至关重要。几经失败以后，苏联

特殊的00号军马，的确与众不同

的顿河马进入了人们的视线。顿河马驮乘兼用，饲养条件的要求也不是太严格。尤其高大粗壮的基因可以弥补土种马躯长体矮的缺点。

1953年，从苏联引进的27匹顿河雄种马，经采用人工授精与山丹雌马杂交，诞生出的新一代山丹马不仅体型漂亮，而且身高平均增加了8.4厘米。此后经过10年一代又一代的杂交，终于培养出体型比较高大的山丹马。

然而，令人大感意外的是漂亮的新的山丹马十分娇气，饲养要求也高，似乎并不适应军旅生活。加上它个头比较高大，咱们中国人的个子比较矮小，人骑上去费劲，驮载物资上去也困难。

研究结果还得减少外来马血液的含量，增大土种马的基因，将马的身高适当降低。从1963年起，马场开始用土种马回交第一代山丹马，把顿河马的基因从50%减至25%。培育出来的这种马被送到部队服役，基本得到了肯定。

转眼又一个10年过去，1972年，山丹马的培育终于进入“横交”阶段。“横交”即是对新一代25%顿河马基因含量的混血马严格挑选没有亲缘关系的马再进行交配，以克服遗传上的不稳定性。

第二代山丹马显现出了优良的品性，体型匀称结实，耐力、驮力很强，基

山丹军马场的群骏还可看出它们父辈昔日的辉煌

本达到选种的标准。其中特殊编号为“00号”的一匹种马配种10多年，培育出后代1 000匹左右。配种英雄“00号”后来被兰州大学生物系制成标本，这是我国唯一的战马标本。

1984年7月，山丹马品种通过鉴定验收，正式定名为“山丹马”。1985年10月，新一代山丹马获得国家科技进步一等奖。

然而，经过几代牧马人数十年耗费心血培育出来的山丹马，还未来得及奋蹄接受战火的检验，便随着骑兵兵种被取消而走到了尽头。

尽管山丹马退出了军马历史舞台，但它作为优秀品种被保存了下来。目前，山丹马场用封存10年

历经10年才培育出的新型山丹马品种

之久的“00号”冻精育种取得成功，试图培育出适应现代赛马、马术需求的新型山丹马。

大漠旋风——蒙古马

人们常说，有蒙古族人的地方就有蒙古马。蒙古人将马群放于大自然，让马儿自由觅食和繁殖，这种粗放的养马方式培养了蒙古马的野外生存能力，成为世界上忍耐力最强的马种。它适应性极强，对环境和食物的要求很低，哪

被誉为“大漠旋风”的蒙古马，退出战争舞台后从军用转变为民用

怕没有马厩、饲料，在严冬里也能雪中刨食。因此蒙古马被称为“大漠旋风”。

公元1235年，蒙古汗国的拔都统帅大军西征，在与俄罗斯贵族军队交战中，由于马的速度不及俄军的顿河马，撤退的俄军轻易地把蒙古军远远地甩在后面。但是，当俄军安营扎寨休息时，蒙古大军却一直马不停蹄地日夜追击。凭

中国最后的骑兵部队官兵们的马上雄风

着蒙古马卓越的耐力，最终赶上俄军，趁其人马乏力之际，一举将其歼灭。

正是这场战役打开了蒙军西征中欧的通道，随后，蒙军凭借耐力惊人的蒙古马长驱直入，在6年时间里挺进5 000千米，把战火烧到了多瑙河流域。

那时候蒙古族牧民家家有骏马，户户是骑兵。战马多为母马，除骑乘外，马奶还可做军需给养，粮草负担很轻的蒙古军队因此具有长线作战的独特优势。

1241年冬季，蒙古汗国的苏布台率领的2万骑兵仅用3天的时间，从鲁斯卡山口越过喀尔巴阡山，跋涉布满积雪的山地，行程300多千米，突然出现在格兰城下，歼灭俄罗斯联军10万人。这次战役再次显示了蒙古马的耐力。

新中国成立后，中国人民解放军10多个建制师的骑兵部队，拥有数十万匹战马，其中蒙古马占了绝大多数。蒙古马在剿匪平叛、抢险救灾中作出了突出的贡献。

如今，全军仅象征性地保留了两个骑兵营。今天，内蒙古自治区军区某部骑兵第二营的官兵还在苦练着马上斩劈、马上射击、马上跃障等传统的科目。

今天，随着军队现代化的到来，在硝烟弥漫的战场上已经难以看到军马驰骋的身影，它们显赫的过去已经随同那些沉重的故事一起进入历史深处。

榕城蟒事

它，尚未成年却命途多舛，险些成为一些寻珍猎奇老饕们的盘中餐；

它，死里逃生却重病缠身，若非人们的“恶治”早已一命呜呼；

它，已成为准妈妈，但娇儿早夭，未得一面之缘；

它，历经磨难，终于在人们的关爱下，圆了自己的妈妈梦。

这，是一个发生在福州动物园一条巨蟒身上的真实故事——

获救时奄奄一息的沙妮，身体极度虚弱

2000年的6月13日，青岛动物园两栖馆饲养员任小伟突然接到一纸紧急调令，命其速到千里之外的福州动物园报到。原来，福州当地的动物保护部门不久前从蛇贩子手中收缴了一批蟒蛇，但这批蟒蛇经长途贩运再加上运输环境非常恶劣，因此在被解救之后没几天的工夫就一条一条地接连死去，最后只剩下了一条且已是奄奄一息。因此，任小伟的任务就是要到福州动物园去挽救这条蟒蛇的生命。

“恶治”治出惰习

当任小伟马不停蹄赶到福州动物园见到这条被取名为沙妮的唯一幸存蟒蛇时，虽然心里已有准备，但还是不免大吃一惊：

沙妮是一条尚未成年的雌性亚洲蚺蟒。自然界中，这种蟒蛇主要分布于热带及亚热带的森林中，以捕食野生动物为食。它牙齿锐利，捕食敏捷、精准，绞杀有力。而眼前的沙妮已是瘦骨嶙峋、奄奄一息，连进食都已十分困难，趴在那里几乎一动不动。因此，当务之急是必须马上为其补充营养。于是，任小伟为它准备了一份用鲜肥鸡肉和维生素搭配而成的大餐，这可是吃糙食吃惯了的在野外生存的野生巨蟒想也不敢想、听都没听说过的佳肴。然而沙妮并不领情，对于人们一番忙碌为它准备的大餐似乎毫无兴趣，连看都懒得看一眼。为了能让饱受磨难的沙妮摆脱死神的纠缠，人们决定冒险对其采取人工填食。由于那段不堪回首的经历使沙妮对人充满了恐惧感和不信任感，人们善意的行为遭到了沙妮激烈的抵制：它不断地扭动身躯，缠人，甚至想咬人…… 但最终寡不敌众的沙妮在几名工作人员的共同努力之下还是极不情愿地吞下了这顿救命的营养大餐。接受了一段时间“身不由己、被逼无奈”的精心喂护，沙妮不仅大病痊愈，而且逐渐喜欢上了这些美味可口的食物、习惯了这种“饭来张口”的进食方式。它体态渐腴，体重更是从入园时的15千克增长到了30千克左右。

自食其力，吃得格外香

不吃也得吃

“生命在于运动”的道理尽人皆知。蟒蛇在野外捕食时，一般会先静静地潜伏或蹑手蹑脚地接近猎物，待到进入攻击距离，就会以极快的速度突然袭击，紧紧地咬住猎物，并且盘曲身体将其死死缠绕住，且越勒越紧，直至攻击对象完全丧失反抗能力，然后才不慌不忙地将猎物吞下。在整个捕食过程中，它全身的骨骼和肌肉都发挥着重要的作用。而此时的沙妮由于长时间的养尊处优，在惰习渐成的同时它的捕食能力却明显地退化了。饭来张口，否则宁可挨饿也“我自岿然不动”。

缺乏必要的活动和锻炼，长此下去，后果堪虞。于是，人们决定对沙妮改喂活食，想吃饱就得自食其力。这个办法终见成效，几个月下来，沙妮不但没有饿瘦，与以前相比反而更加健壮、更加有力了，沙妮在残酷的饥饿训练中逐步找回了差点丧失的捕食能力。

时间一天天过去，沙妮已经长成40千克左右的成年巨蟒了。

“拉郎配”

按照蟒蛇的自然生长规律，如今的沙妮已算是“有女初长成”，是“一位漂亮标致的大姑娘”了。由于这种蟒蛇的发情交配期是在每年的4～6月，为了不耽误沙妮的终身大事、为了不让沙妮再独守空

初次见面，都很腼腆

房，福州动物园决定给沙妮“拉郎配”，从其他的动物园引进了一条成年雄性巨蟒，让它们结亲。为此，任小伟和他的同事们几经寻找，终于为沙妮挑选了一名个头相近、年纪相仿的“新郎”。“合房”后，虽然初时它们之间有点“害羞”、“陌生”，始终保持着距离，但很快就形影不离了。

2004年5月的一天，任小伟突然发现两条巨蟒的尾部紧紧地缠绕在一起，似乎是在交配。此后，沙妮的身形便一天天地粗壮了起来。到了夏天，沙妮顺利地产下20余枚卵。自此，沙妮的脾性大变，与大多数动物“护犊子”的母爱一样，沙妮无时无刻不将卵紧紧地盘绕在一起，而且警惕性很高，就连平时已经十分熟悉了的饲养人员想过去查看一下，它都会毫不客气地发出不友好的警告。

丧子之痛

正常情况下蟒蛇卵的孵化需50天左右，但时候到了这些卵却一点动静都没有，任小伟只好冒险去看个究竟。原来，这些卵的上端已经干裂，而下面却发生了霉变，还流出了水，就连下面的地板也开始发霉，变了颜色。这次孵化失败了，人们固然心痛不已，可沙妮依然每天盘曲在自己的卵上，坚持着毫无意义的孵化工作，也许它并不知道自己的孩子已经夭折，不可能会有破壳而出的那一天，也许它希望能用自己的坚持来创造一个永远不可能出现的奇迹……

孵化期内几十天的不吃不喝，加上丧子之痛的

沙妮对尚未出壳的小宝宝关爱备至

双重打击,沙妮病倒了:它整天忧郁地蜷缩在笼舍的角落,无精打采不进食,继而出现了呼吸困难、口鼻淌黏液等症状,晚上有时候在不停地扭转身子打滚,嘴巴张得很大,做呕吐状…… 经诊断,沙妮患上了肺炎。肺炎是蛇类的一种常见疾病。蛇类在野外生存状态下,它们的体内会有一定数量的寄生虫,多寄宿在皮下和消化道中,但这些不安分的讨厌家伙一旦进入宿主肺部并安家落户繁衍生息, 就可能引发肺炎。肺炎对于蛇类而言,是一种极具传染性、极危险的疾病,在蟒蛇的致死原因中,肺炎的比率是最高的,成功治愈的可能性微乎其微。在专家的指导下,任小伟和他的同事们全力投入到抢救沙妮的行动中:

打针,这可是一门技术活儿。因为蟒蛇不同于人,虽然它肌肉发达,但肌肉层很薄,一针打进去,如果在注射过程中它的身体稍有一点扭动,就可能穿透肌肉扎进脏器,那样只会加重它的病情,如同火上浇油、雪上加霜,搞不好将会导致它一命呜呼。

注射红霉素,由于药不对症及用药量不好把握,沙妮出现了严重的过敏反应;换药,无异于“摸着石头过河”。比如说人在注射青霉素前还要进行皮试,但对于蛇来说这是不可能的。因此一针抗生素打下去可能就会出现两种截然相反的结果,一是这种抗生素对它非常适用,把它的生命挽救了;另就是它可能产生严重的过敏反应,其后果不堪设想。

也许是皇天不负有心人,也许是沙妮福大命大造化大,也许两者兼而有之。总之,在人们的精心救治和细心照料下,沙妮终于摆脱了病魔的困扰,逐渐恢复了健康。

人工孵化,最重要的就是温度和湿度

双喜临门

时光荏苒,一年之后沙妮再次有喜了,接下来它一次顺利地产下30余枚卵,数量多于通常情况下的20~30枚。于是,蟒蛇宝宝的孵化问题便成了摆在人们面前的当务之急,谁都不想再看到一年前的那幕悲剧再次发生。为此,福州动物园特地向全国各地动物园的两栖动物研究专家广泛征求意见。在反馈回来的信息中,意见分歧很大：一部分专家认为，由于目前手中资料不足，尚无可全面借鉴的成功经验，因此仍坚持自然孵化；另一部分专家鉴于上次自然孵化的失败教训，认为虽然人工孵化存在一定的风险，但曾有过少量孵化成功的先例，总不至于像前次一样全军覆没。针对以上两种意见，任小伟和他的同事们则明显倾向于后者，因为他们是最了解第一手情况的，他们亲眼看到了蟒蛇的交配，能够确定这些卵已经受精了；更重要的是，上次的失败给这些与沙妮朝夕相处的人留下了太深的印象，对于他们来说，对孵化成功的渴望比谁都要强烈……

2005年7月26日，采用人工孵化的方案被最终确定，任小伟和他的同事们随之全力投入到了这场攻坚战中：要确保蟒蛇宝宝孵化成功，关键是要把握好湿度与温度。人们特地模拟蟒蛇孵化的环境制作了一个孵化器，并在其中配备了温度计和湿度计，以便随时监控温度与湿度的变化。此后的数十天中，人们轮流守候在孵化箱旁，可谓夜以继日。可是，截至10月5日已经孵化两个多月了，这些卵还是没有什么动静，人们有些迷茫、有些沉不住气了。人们开始努力回想操作过程中可能出现什么失误……

恰在这时，一个令人振奋的现象出现了：10月6日早晨，有两条蟒宝宝破壳而出了；10月8日当人们再次查看时，是惊人的一大堆缠绕在一起，共33条，也就是说全部孵化成功。沙妮这次终于成功地做了母亲。由于沙妮的身躯过于庞大，为了避免无意中对宝宝们造成伤害，人们暂时将母子隔离起来。但这是暂时的，待宝宝们长大一些后，就可母子团聚了。

如今，福州动物园决定：待小蟒长大了之后，只要条件成熟，就将它们放归自然。届时，愿它们一路走好，一生走好。

组图：小宝宝相继破壳而出，沙妮终圆妈妈梦

北极熊复明

2006年的2月24日，十几家新闻媒体聚集在了山东省蓬莱海洋馆，这里发生了什么事？原来，这天要在这里做一次极其特殊的白内障摘除手术，“病人”是一头年龄30岁，相当于人类80岁高龄的北极熊。

北极熊的家在遥远的北极

北极熊在全世界仅有两万多只，在我国北极熊只有几十只。两年前，幼白和斯斯来到了蓬莱海洋馆。2006年农历除夕，值班的工作人员忽然发现，北极熊幼白并没有像往常那样按时回到笼舍，而是不停地在展区内转来转去，速度很快，一不小心它的头就会碰到假山上。这异常的行为引起了工作人员的高度警觉，立即用它最喜爱的食物进行引诱，幼白却没有丝毫的反应。几个小时以后，幼白的熊掌磨破出血，鼻子也碰出了血。

是什么让幼白变得如此反常呢？管理员想起平时发现幼白好像有过看不准东西的现象，不禁怀疑幼白是不是失明了？得知这个消息，七八个管理员都顾不上过年，赶了过来，一直守着幼白。幼白连续走动了17个小时之后，突然转到了展厅与笼舍的出口附近，在管理员的大声引导下，用了很长的时间，它才跌跌撞撞地回到笼舍。蓬莱海洋极地世界急忙请来专家进行会诊。北极熊的眼球和人的眼球结构大体相同，在瞳孔的后面，有一个透明的晶状体，当它出现混浊时，光线就很难透过它到达视网膜形成图像，从而丧失部分或全部视力。老年人最容易出现这种症状。专家们发现幼

两只北极熊给人们带来许多欢乐

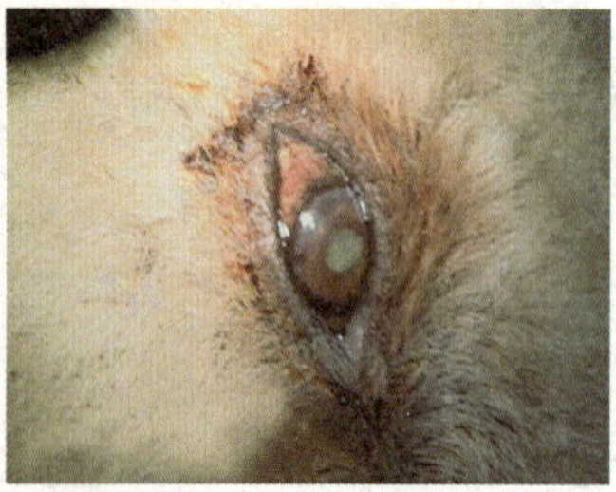
幼白患了老年白内障

白的瞳孔区发白。

失明后，幼白陷入了深深的恐惧，心情也越来越差。人们把幼白最爱吃的食物放到它的嘴边，它都不肯进食。手术是治疗白内障唯一有效的手段，但是还从没有人给北极熊做过白内障手术，更何况幼白是我国年龄最大的一只北极熊，手术存在更大风险。很多人认为这头北极熊岁数太大了，做手术没有太大价值。然而，视动物为朋友甚至是孩子的海洋馆工作人员坚决不放弃这个给人们带来许多欢乐并已经建立起深厚感情的“残疾的老人”。他们请来了蓬莱和北京最好的专家，准备给幼白做手术，他们希望能给幼白重新回到光明世界的机会。可是当2006年2月23日专家们将手术器械送到海洋馆手术室的时候，管理员们流泪了，他们不知道将要进行的手术能不能成功，幼白能不能挺过这一关。

白内障摘除手术对于人来说，当然是不足为奇的。但是给这个现在看似很乖，实际上是非常凶猛的北极熊做手术，可就不那么简单了。它不会像人一样配合医生，在打了麻药后静躺在手术台上。这个手术能否顺利进行，手术能否成功呢？在场等待的人们都没有答案。

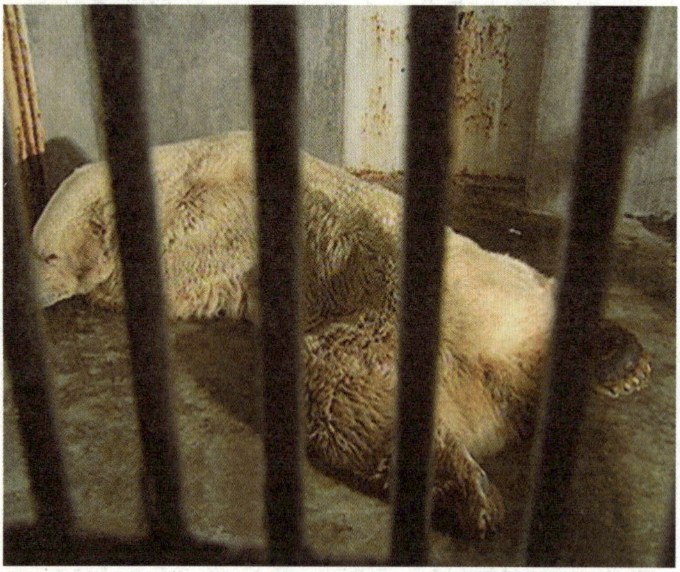
幼白的身体日渐衰弱

24日早上医务人员开始进行手术前的消毒和准备。主刀医生是做过2 000多例白内障手术，有丰富临床经验的蓬莱著名眼科大夫刘来富。麻醉师是远道请来的北京动物园兽医院院长张成林。因为给幼白做手术，必须对它实施全身麻醉。所有的麻醉都有风险，特别是对高龄动物，危险会更大。因为动物在实施麻醉初期容易发生呕吐，而此时的动物神志已不清醒，这样就容易将呕吐物回吸，而一旦误入气管，就可能会导致窒息死亡。上午9点张院长对幼白进行全身麻醉。张院长虽然有着多年给动物实施麻醉的经验，但手术前仍然承受着巨大的压力，因为一旦麻醉出现问题，就将导致手术失败。庆幸的是十

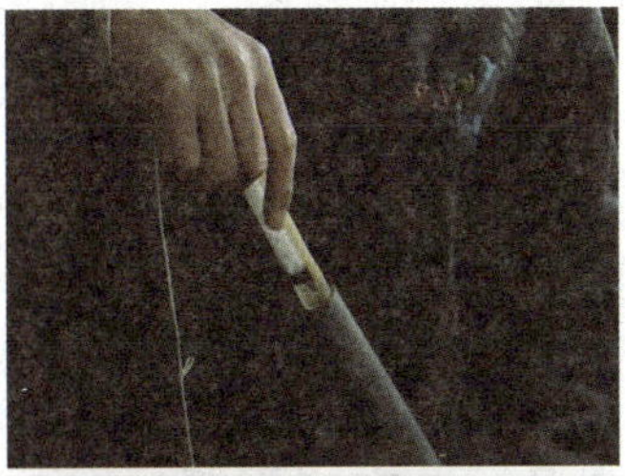

组图：对北极熊只能用这种特殊的方式实施麻醉

几分钟后被麻醉的幼白进入昏睡状态。

手术步骤应该说和人的白内障手术是一样的。首先切口、止血，再扩大切口把晶体表面的一个囊膜撕开，然后冲洗皮脂把晶体核掏出来，最后再恢复虹膜。显微镜下，刘主任开始了手术，他显得自信从容。但是，熊眼和人眼毕竟有所不同，北极熊的眼球壁比人的要厚，切口时手术刀用力的大小，比较难掌握，细微的差别无法用肉眼判定，全凭经验和手上的感觉，刘主任下刀小心而谨慎。北极熊的眼球要比人的大，血液功能也更为丰富，眼角膜切开后，突然发现出血量大，这让刘主任有些措不及防。做人的白内障手术出血量很小，只要局部轻轻一处理，止血就可以完成。幼白眼角膜切开后的出血量大，视野不清，无法进行缝线结扎，手术不能进行下去。刘主任果断采取烧灼止血。

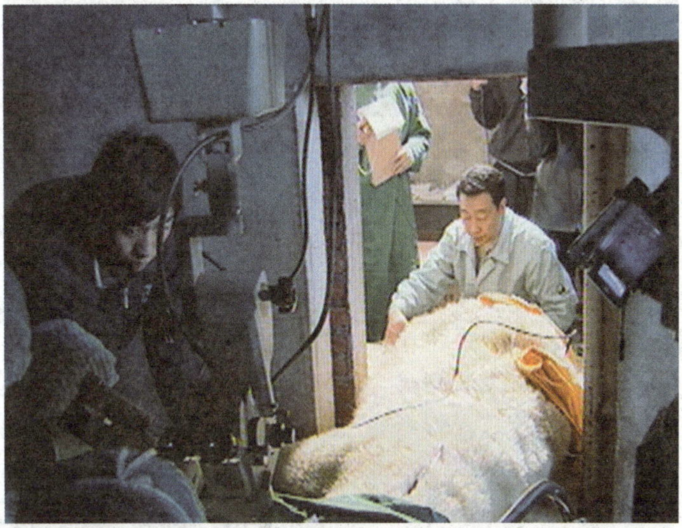

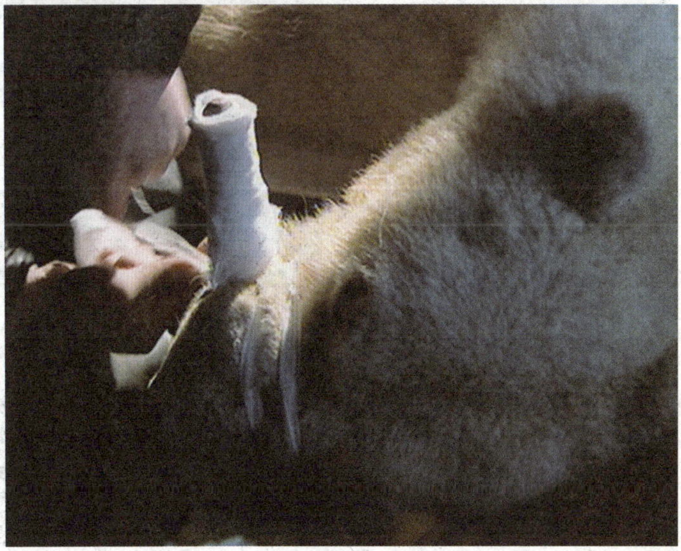

组图：人们合力将幼白抬上手术台并采取了必要的防范措施

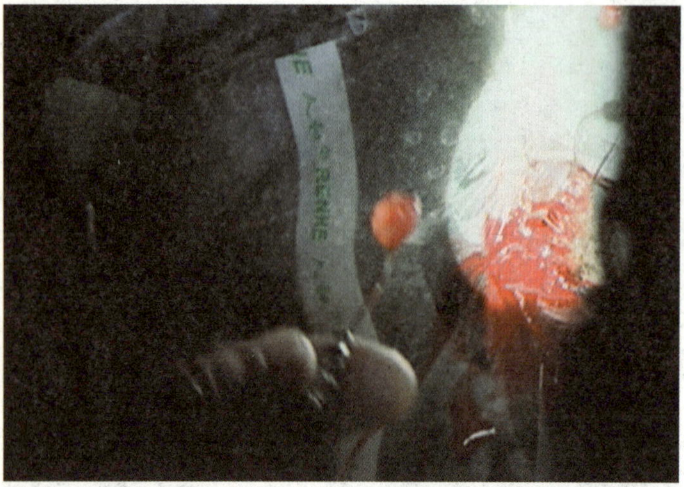

正常人晶状体只有4到5毫米，而从北极熊眼中取出的晶状体却有10毫米

突然，安静的手术室外传来了阵阵巨响，让所有的人都大吃一惊。原来另一头北极熊斯斯由于和幼白长期相处，好像觉察到幼白正在隔壁经受痛苦，于是用厚厚的熊掌一下下撞击铁门。管理人员赶快拿来它最爱吃的牛肉、鱼肉，还有水果把斯斯引开。谁知斯斯吃完了牛肉，又跑了回来踢踹铁门，再给它牛肉和其他食物都不吃了，管理人员只得用高压水龙赶走斯斯。

手术室里重获平静，人们紧张而有序地忙碌着；手术室外，工作人员和媒体记者焦急地关注着手术的进展，对幼白的关爱把大家聚集在了一起。人们屏住呼吸，看见刘主任用一个特制的工具，从切口取出晶状体，手术顺利完成。张院长给幼白注入了苏醒针，五分钟以后幼白就站起来了。通常人的白内障手术只需5到10分钟，而这次原计划半个小时做完的手术却用了一个多小时。

手术非常成功。但是由于北极熊的刀口不能包扎，它也无法像正常人那样换药，所以海洋馆派出专人24小时精心照料着幼白：抹药、打针、调理饮食，记录着幼白的细微变化。手术后第二天幼白开始少量进食。一个星期后，幼白自己能觅食了。手术后的幼白，恢复得非常好，这让所有关心它的人都松了一口气。幼白又重新见到光明，它的生命得以延长，会给人们带来更多的欢乐。

失明31天后幼白第一次像失明前那样主动进食

“鸡咕”成家

在所有生命共同拥有的这个世界上，对美好温馨家庭的向往绝不仅仅是人类的专利，大象为了爱情不仅冲破了种族的界限，而且同样恋家情深。

千里姻缘

2001年的平安夜，象小姐鸡咕远离自己的家乡马来西亚，只身来到陌生的长隆夜间动物世界安家落户。

远嫁他乡的鸡咕：“哇！这里好漂亮啊。”

俗话说“窈窕淑女，君子好逑”，美丽的鸡咕小姐刚刚安顿下来，就成了这里唯一的成年公象三特里的追求目标，它开始大献殷勤。

亚洲象有两个亚种，像鸡咕这样有着长鼻子、短尾巴体征的叫大马象，而三特里属东马象，体征与大马象恰恰相反，是短鼻子、长尾巴。正因为在野生状态下这两种象根本没有“自由恋爱”的机缘，即便是在人工饲养环境下的动物园内也尚属“史无前例”。因此，它们的爱如真能修成“正果”、产出“硕果”，那将是十分珍贵、难得的。

一见钟情

饲养员也尽可能地提供方便，为促成这桩姻缘大力撮合……

组图：体征差异不影响两情相悦

孕期幽会

由于大象交配次数很少，因此不易受孕。这样，直到了2003年的6月，饲养员才开始发现鸡咕的乳房开始有点鼓胀；又过了大约3个月，鸡咕的乳房很明显地大了……好事儿——鸡咕怀上了。人们争相猜测，日后那个“小稀罕物”会是什么样子呢？它是会随爸爸还是会随妈妈呢？

大象的孕期大概22个月，整个孕期外加带仔阶段大概有3年左右不能交配。为了保证肚子里小象的安全，饲养员只好让这对情意正浓的“小夫妻”暂时“分居”了。但对于需要三特里和自己共同分享怀孕喜讯的鸡咕来说，实在难遏深情、难掩喜悦、难耐寂寞，于是在夜深人静时它几度成功地用鼻子撬开房门溜了出去，为的是和三特里见上一面。三特里素以脾气暴躁著称，它的大牙就是在斗殴的时候磕断的，但在有孕在身的娇妻面前却异常温柔。

每次分开它们总是很难。分手的时间到了，一位饲养员成功地引开了三特里，另一位饲养员给鸡咕喂它最爱吃的香蕉以分散它的注意力，但鸡咕仍是恋恋不舍不愿回去。最后，只得再给它洗个凉水澡来安抚它。

分娩——3分钟搞定

漫长的孕期总算快熬到了尽头，这时的鸡咕体态臃肿肥大，比怀孕前重了近150千克，体重达到了2 700千克，许多产前症

隔门相望，含情脉脉

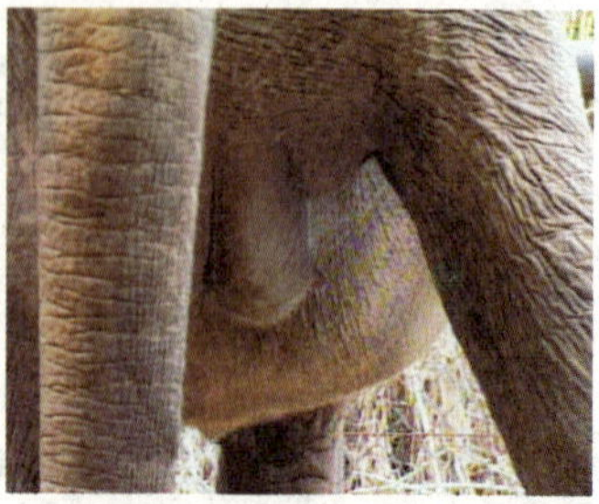

待产的鸡咕已经作好了当妈妈的必要准备

状也已经明显地表现了出来…… 进入产期了，鸡咕每一天都有可能分娩。

虽然人们为鸡咕的生产作了大量的准备，制订了多种应急预案，并确保全天候地监护，但仍被搞了个措手不及：

这天黎明，鸡咕要比平日起得早，它面对墙站着一动不动…… 值班人员觉得有些反常，但还没来得及有所反应，这个两吨多重的庞然大物便轰然倒下，鸡咕即将临产了。值班人员放下告急电话也就几分钟时间，随着鸡咕的两声尖叫，小象已经“呱呱坠地”了。当闻讯而来的支援队伍赶到时，这个小混血儿已经从白糊糊的胎衣里脱出身来，迷迷糊糊地看着眼前陌生的一切。

母亲远嫁于此，这里是妈妈的他乡，但却是小

产前阵痛是“例行公事”。要当妈妈嘛，吃点苦头是必须的

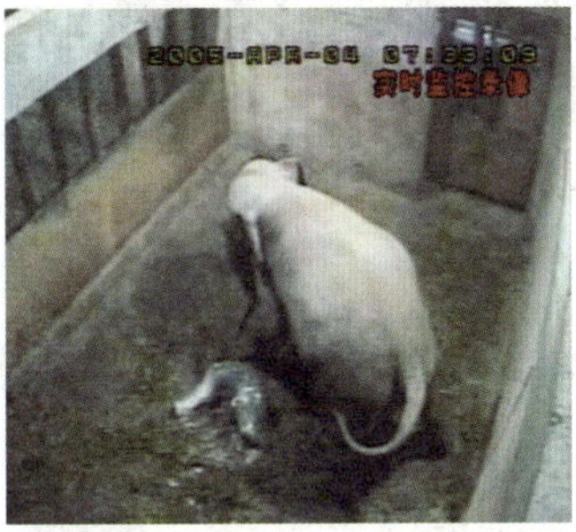

干净利落，大功告成

象的故乡。“亲不亲故乡人”嘛，无处不在的暖暖情意立即把小象身边的世界填得满满的。

“人生”的第一记忆——饿

产房外静悄悄的，产房内不断传出鸡咕烦躁的叫声。都2个小时了，小象还没吃上第一口奶。鸡咕刚做母亲，情绪不稳定；小象很虚弱，它还不懂得使用自己的鼻子。初乳对于新生儿的重要性是不言而喻的，它能增强小宝宝的免疫力。通常情况下，如果出生后3个小时内没吃上奶的话，小象的体能肯定将下降，甚至可能会站不起来。

鸡咕非常着急，它不停地换着位置尝试给小象喂奶，可即便是用鼻子帮忙也无济于事，因为小象没办法跟上母亲的节奏。鸡咕产后出了很多血，体能消耗很大，但母爱仍使鸡咕不厌其烦地尝试着……由于一个是“初为母亲”，一个是“初降尘世”，母子之间的沟通还需磨合，因此几经尝试小象还是没有吃上奶。一直耐着性子的鸡咕似乎越来越烦躁了，不断地鸣叫以及不时地把草往身上扬，这让隔壁“初为父亲”的三特里非常不安。饲养员过来用它平时最爱吃的东西安抚它，但它根本没有食欲。其实，焦急的不只是三特里，还有一直守在产房外的人们。

小象：“我饿啦！要吃奶。”

从鸡咕乳房鼓胀的程度看，奶水应该是非常充足的。但如何能够完成奶头与小象的嘴这最后一步关键的衔接，人们除了等

如愿已偿

待，什么也做不了…… 突然，产房里安静了下来，虚弱的小象在出生2小时40分钟后，终于艰难地吃上了第一口奶。

这时的鸡咕已把小象紧紧地拢在自己胸前，让它体味着来自妈妈的温暖。

外面的世界

闯过了“人生”的第一道坎儿，在妈妈的精心呵护下，小象开始健康成长。它跟爸爸三特里长得真像，短短的鼻子、长长的尾巴……它一天能睡12个小时的觉，在它睡觉时妈妈鸡咕干什么都是蹑手蹑脚的，就是吃饭也要先试试小象是不是睡得安稳，再轻轻地从小象身下抽身出来，真难为了它庞大的身躯。

这天，鸡咕带着小象走到门边，恰好隔壁的三特里也在那里看它们呢。小象夹在中间，虽然因身高不够，隔着门看不到爸爸，但却得到了爸爸初次见面的“见面礼”——不时地向妈妈和自己这边甩过来的臭屉屉，真不够意思。其实它不知道，爸爸正在发情期，这是向妈妈示爱的独特方式。

小象：“爸爸，别甩你的臭屉屉啦，我不要！”

一晃1个星期过去了。小象的食欲很好，鸡咕的身体也渐渐恢复了，它们要去外面走一走了。虽然第一次看见这个明亮的世界令小象很是兴奋，但面对一张张陌生的面孔（包括爸爸），小象有点害怕，也有点害羞，总是躲在妈妈的身后…… 但几次之后就开始毫无顾忌地撒欢儿了。

其实，这里人们看到的只是大象温顺的一面，据统计，在野外全世界每年有500人被大象杀死。科学发展到今天，无论在动物园还是在野外，人们仍很难深入大象的内心世界。但是，从大象对家庭的感情上，人们可以找到一扇了解动物世界的窗口：同人类一样，大多数动物同样对家庭充满眷恋。这足以让人们感到欣慰，因为在这个星球上我们还有不少同伴。

英雄母亲

白虎，当人们明白它是一个稀有物种时已为时过晚，如何让“一根独苗”使整个家族得以延续？

迫不得已只能采用近亲繁殖的非常手段姑且一试。

谁想，却在异国他乡的中国成就了一位——英雄母亲。

组图：被寄予厚望的远方来客。左为凯丽，右为凯玛

远方来客 身世不凡

1997年4月5日，广州香江番禺野生动物世界租用飞机从瑞典引进了中国前所未有的一对白虎，公虎凯玛和母虎凯丽。以往，白虎一直被误认为是一种白化现象的产物，其实不然。白虎实际上就是孟加拉虎的一个亚种，与祖祖辈辈生活在印度森林中的其他孟加拉虎一样，只是毛色不同而已。

虎，这种一直以来被誉为“百兽之王”的威猛动物，在最近100年内出于众

如今世界白虎谱系的“源点”——白虎莫汉

所周知的原因早已王者风范尽失：曾有的八个亚种已失其三——里海虎（已灭绝的我国新疆虎，就是里海虎的一个分支）、巴厘虎和爪哇虎；数量更是减少了95%，曾经广袤的栖息地已从一个面缩减为支离破碎的几个点，而幸存者的状况也是岌岌可危，其中一度最为不堪的就是白虎。1951年5月，最后一头只有9个月大的野生雄性白虎被人们在印度森林中捕获，送进了动物园并取名莫汉。莫汉成熟以后，与一头叫贝古姆的普通体色雌虎配对，先后生了3窝10只虎崽儿，但体色全都随母虎。为了得到白虎，人们又让莫汉与它的一个女儿丽达交配，终于在1958年得到了1雄3雌4头白虎崽儿……可以说，如今全世界的白虎都是莫汉的后代。

莫汉与女儿丽达生下的、也是人工成功繁殖出的第一窝4头小白虎崽。自此，揭开了白虎家族大发展的序幕

近亲繁殖，这虽然是在万般无奈的情况下把“死马当作活马医”的唯一办法，好在通过对小白虎从健康状态、生活习性等多方面进行观察，真是不幸中的万幸，它们与其他虎崽儿并没有什么明显的差异。这说明：白虎这个物种并没有因为近亲繁育而衰退，反而通过近亲交配之后再交叉，就像数学中的“负负得正”一样反而在不断壮大、迅速发展起来。截至凯玛、凯丽来中国之前，全世界的白虎种群已发展到了近200头，这不能不说是一个奇迹。

水土不服 虚惊一场

初到广州时，凯玛、凯丽整天都在昏昏沉沉地睡觉，也没有食欲。可能是倒不过时差，也可能是不适应当地的炎热气候。几天之后，凯玛恢复了常态，可凯丽还依旧萎靡不振，就连对以往最喜欢的活鸡也没了兴趣，只是咬死，却不吃。这可急坏了公园的管理员、饲养员。要知道，它可是肩负着在这个新人工栖息地里把白虎家族谱系延续下去的重任的呀！

由于凯丽不可能告诉人们它哪儿不舒服、怎么不舒服，因此人们只能根据它的状况怀疑它得了肺部或呼吸道感染类的疾病，于是决定为它作一个全面的体检。谁知，自小就受到人们悉心呵护的凯丽太知道“白大褂”和那个带尖的小玻璃管儿（麻醉针）意味着什么了，就是不肯配合。但“恶虎也怕群‘人’”，终于在麻醉针的作用下晃晃悠悠地倒下了。分秒必争，人们立即将它送到了园内的动物医院。接下来是量体温、测

“这个‘白大褂’和那根能吹出扎着好痛的针的管子可不是好惹的。”凯丽见后立即警觉起来，并不断向“白大褂”发出警告

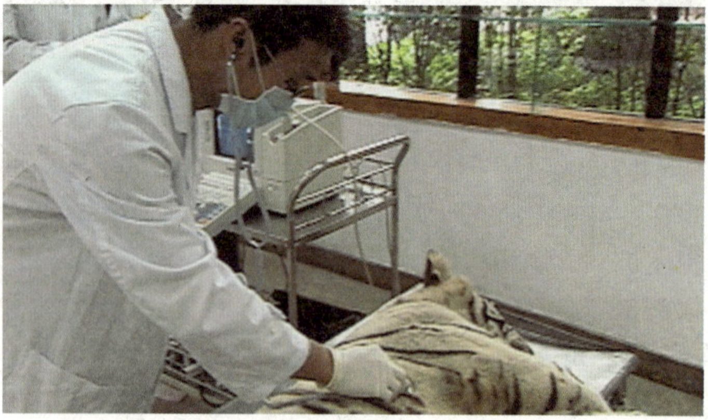

凯丽：“哎！又着了道儿了，只能任由他们摆布了。”

血压、抽血化验、听诊心肺、做心电图、照B超……这一切都要在1个多小时内完成，否则麻醉劲儿过了可就麻烦大了。

好在有惊无险，凯丽最后被诊断为患了轻度感冒。吃了几天药后，凯丽很快就恢复了健康。这让对它寄予了厚望的人们总算舒了一口气。

寄予的是厚望，“播种”的是希望

拉郎配——强扭的瓜不甜

白虎的寿命通常是15年~20年，3岁~4岁性成熟。凯丽明显早熟，刚过2岁就提前有了发情的表现。这是个令人欣喜的好兆头。

公园考虑到凯丽和凯玛是表兄妹，为了避免“近中更近、亲上加亲”交配，特意从德国引进了一只5岁大的成年公虎拉威。谁料，却引发了一场轩然大波：当人们经过精心准备让拉威和凯丽合卺时，凯丽一见到拉威就毫不留情地一巴掌扇了过去，接着就是怒吼连连…… 虽然人们百般“规劝”、努力撮合，但几乎是次次如此。

没办法，人们只得尊重凯丽的选择，让它与青梅竹马的凯玛亲上加亲。

母老虎之泼、之悍，名不虚传

儿孙满堂 功成名就

合卺后，小两口的日子过得恩恩爱爱。凯丽不负众望，于来华后次年的4月10日一胎产下了4只小白虎。这是凯丽的第一胎，也是白虎在中国第一次异地繁殖成功。

接下来这对小夫妻的“产量”便一发而不可收拾：凯丽在产下第一胎后的18个月内连产四胎，而且从双胞胎到五胞胎，胎胎都“更上一层楼”。当然，

“破天荒”

这与人们的努力也是分不开的：白虎通常一年只产一胎，两胎之间还要间隔一年。但通过人工促进它自然繁殖周期加快手段的介入，就是在它的两个繁殖期之间缩短哺乳期，将自然哺乳期维持在1个月到2个月之间，其后对幼虎代之以人工哺乳，使母虎提早离开幼崽。这样，凯丽会提前得到体能方面的恢复，自然就加快了进入下一个繁殖期的时间。

凯丽的表现越来越出色：1998年10月6日，凯丽经过7小时零3分钟的分娩，一胎产下了6只小白虎，这是迄今为止白虎繁育史上产子最多的一次。8年中，凯丽共产下了54只小白虎，它也由母亲变为外祖母。截至2005年，凯丽和子女们相继繁衍出的80多名后代几乎占了世界上200多只白虎总量的三分之一。

凯丽当之无愧是一位英雄母亲。

组图：凯丽的三代“后人”。它们与它们德高望重的外祖母凯丽一道，共同谱写了中国白虎谱系从无到有、不断壮大的发展史

期待——更多的凯丽

如今的凯丽已是步履蹒跚、老态龙钟，但不管是现在还是它“走了”以后，人们都不会忘记这位白虎繁育史上最值得铭记的英雄母亲，这位中国白虎谱系的始祖。因为是它，使岌岌可危的白虎家族转危为安。

然而，更多个虎的家族在丛林中正面临崩溃。在我国东北，几十年高强度的采伐使得东北虎已难觅安静隐蔽的繁殖地。失去了森林就意味着它们失去了家园，也意味着它们最终将成为遗民为动物园收留。

可是，会不会出现另一个凯丽来扭转东北虎乃至整个虎家族的命运呢？只要人类对地球这个大家庭中的每个成员都肩负起应尽的保护它们的责任，无疑将会有更多的凯丽涌现，当然这不仅仅是限于动物园中。

我们都是一家人

时隔1年多，当好莱坞女演员珍妮弗·安尼斯顿再次来到住在犹他州北部山区的苏斯一家拜访时，虽然她对苏斯一家的家庭成员构成等情况了然于胸，虽然她在抵达前已作好充分的心理准备，但此行仍成为她一生中最难忘的经历之一。

“有朋自远方来”，她自然而然得到了主人家的热烈欢迎、热情接待。

而之所以“最难忘”，却正是因为这个家庭中半数的另类成员同样零距离地对她表示了欢迎、友好。

苏斯与巴特。这个“泡斯”足具震撼力吧！

其实，珍妮弗·安尼斯顿与苏斯一家的结识、交往，还要从她曾同为好莱坞演员的前夫说起。前夫曾告诉珍妮弗·安尼斯顿，他与灰熊有过亲密接触，而且被一头400千克重的灰熊舔过…… 而地点，就是在苏斯家。苏斯是一位杰出的驯兽专家，但他真正专注的事业是与灰熊建立感情。27年前，苏斯与妻子琳妮第一次收养了一头小灰熊崽儿——巴特，并把它从一个2千克出头的熊宝宝抚养成近700千克重的电影明星，一度大出风头。可惜，3年前巴特永远地离开了他们（灰熊的寿命大约在25~30年间）。恰在这时，在阿拉斯加，一头带崽儿的母熊被人射杀，留下一对只有3个月大的熊崽儿兄妹。警察虽然将它们救回，但是很清楚失去了母亲的熊崽儿是无法自己生存下去的。令他们惊喜的是，苏斯和琳妮答应收养这对孤儿，并为他们分别取名小巴特（哥哥）和糖糖（妹妹）。于是，苏斯夫妇以及他们的女儿萨莎，小巴特、糖糖和一只先于它们被收养的、如今已有8岁的灰熊“坦克”，依靠自然中最基本的感情——爱和尊重，组成了一个特殊但和谐的家庭。

这就是珍妮弗·安尼斯顿此行目的地的概况。

亲密接触

“‘熊’别三日，当刮目相看”，虽然仅时隔1年多，但当印象中那对可爱

组图：它们是兄妹，也是朋友，不停地打打闹闹始终伴随着它们快乐的童年，这是它们之间重要的交流方式之一

的熊宝宝再次出现在珍妮弗·安尼斯顿面前时，还是令她花容失色。小巴特和糖糖虽然才只有3岁半，相对于人类来说只不过是十二三岁的少年，但哥哥巴特已经有500千克了，妹妹糖糖也有340千克（雄性灰熊的体型明显大于雌性）。但它们仍是孩子，打闹、玩耍是它们的天性；而且正如人类家庭中的兄妹，巴特和糖糖有着完全不同的性格：巴特憨厚、宽容，总是努力把事情做好，希望使别人高兴。它以一种熊的温和方式对待别人，从不想证明自己有多强壮；糖糖精力旺盛，动作敏捷，非常聪明。它比巴特更敏感，能够更多地去考虑问题，这与在野生环境中它必须承担起作单身母亲的责任有关。

灰熊是当今世界上体型最大、最强壮的食肉动物。不仅它们的血盆大口和强有力的大巴掌令人望而生畏，而且熊的听觉、嗅觉都非常灵敏，视觉也和人类差不多。此外，灰熊从起步到达时速50千米的加速过程是非常快的，足以令任何跑车汗颜…… 在北美，灰熊袭人、伤人事件屡见不鲜，因此在大多数人的印象中，灰熊是一种强壮且极具威胁的动物，是一个凶悍的杀手。但是，在苏斯一家看来：灰熊是一种善于思考、感情丰富的动物，有其聪颖和人性的一面。之所以得到这样的结论，源于在以往的3年中，苏斯一直致力于与熊做到神形合一，去创造人与动物合作中最富魔力、最精彩的和谐。他每天用12小时与它们交流、建立感情，一天也未间断。

对于珍妮弗·安尼斯顿而言，虽然她以前也曾经见过这对熊兄妹，但这次才是她第一次开始真正意义上的与灰熊接触。既来之则安之，自然要小住一段。但要住得踏实，就要与主人家的每一位成员搞好关系。

于是，由苏斯亲自指导、保驾，“美女与野兽”的故事有了新的诠释：

当然，提心吊胆在开始是不可避免的，但很快，在如食物、赞扬、爱抚等鼓励性辅助手段的作用下，不仅小巴特和糖糖熟悉了她，而且开始愿意接受她。接下来便一发不可收拾，一系列灰熊训练项

组图：虽然接吻和拥抱是西方人最常用的礼节，但？

组图：翻筋斗、站立、跳跃、瑜伽、睡觉……好不尽兴

目“玩”得是不亦乐乎……其间，寸步不离在旁保驾的苏斯一直在不断提醒珍妮弗什么该做什么不该做。尽管它们如此可爱，但它们毕竟是灰熊，必须明白在食物链上自己是排在它们下面的。

不几天，苏斯便凭着自己的经验感觉到：无论是人还是熊，彼此都开始喜欢对方，觉得相处在一起有一种美好的感觉。它来自于熊的内心，也来自于珍妮弗的内心。

心灵感触

在将大部分时间“奉献”给小巴特和糖糖之余，珍妮弗的剩余空闲时间也大部分被“熊话题”所占据，其中自然少不了苏斯一家如何与熊结缘、回忆与巴特过去的美好时光和了解如今这三位家庭熊成员的成长经历、脾气性格和生活轶事。

“说来话长，我的熊缘始于30多年前一次惊险的经历。”苏斯说。“那次，我在野外与1头灰熊不期而遇。当时，我与熊彼此都看到了对方，都在努力辨认对方的特征并且推测对方下一步会做什么。我可谓把自己所有的感觉器官都发挥到了极限，但与熊相比仍发现自己的某些感知能力实在是太简陋了……好在那次遭遇有惊无险。就自那一次起，我决定自己以后要研究灰熊。”

几年后，苏斯和夫人琳妮收养了第一头灰熊巴特，于是如何与灰熊建立感情便成了苏斯的事业、成为贯穿苏斯一家生活的主旋律。

苏斯：“通过一段时间的朝夕相处，我发现眼睛是心灵的窗口之说同样适用于熊。你可以从眼睛里看出它们全部的感情，因为通过眼睛你看到的是它的心灵和感触、看到一头熊对你的爱心。我尝试着与它进行眼神交流，每天总要连续坚持几个小时…… 功夫不负有心人，3年后，我和巴特已经亲如父子了。而这一方法，若干年后同样在刚刚从阿拉斯加来此的小巴特和糖糖身上获得成功。”

后来巴特开始“触电”，出演的第一部片子叫《燃情岁月》，获得了极大的成功。这部片子不仅让巴特走上了“星光大道”，同时也让人们认识了苏

“眉目传情”

斯。他的努力获得了部分世界级专家的肯定。自那时起，他成为与灰熊交流最权威的专家。

这次相聚后不久，苏斯接到了一部片约，邀请小巴特和著名影星罗伯特·瑞德福、摩根·弗里曼联袂出演一部名为《命途多舛》的影片。这虽是小巴特的第一次“触电”，但在摄制组眼里，小巴特才是片中最大的明星。

小巴特的戏份儿很大，而且是在加拿大不列颠哥伦比亚省拍摄场地野外陌生的环境中拍摄，这对小巴特是一次极大的挑战。但是，仅有3岁半的小巴特显示出了非凡的自制力，它从不放弃、不让人们失望，甚至某个镜头在炎热的天气中要反复拍摄10次，它也能努力配合……不过，其间小插曲也自然是少不了的。小巴特最高兴的时候，一般都是在拍摄空闲，苏斯也一样。这时，苏斯会和小巴特像孩子一样在地上滚打，这是一种奖励。小巴特从中会知道自己表现得很出色，人们能从它的眼神中看到一种成就感和自豪感，它会再接再厉…… 在苏斯看来，《命

组图：小巴特刚刚入戏，却被一条流浪狗给搅局了。小巴特：“你是来找我玩的吗？”

组图：安抚一下，犒劳犒劳

途多舛》不仅仅是参与拍摄的一部电影，它象征着小巴特的成熟。

拍摄耗时2个多月，期间只要有空儿，苏斯或夫人就会赶回家陪陪家里另外一位成员——8岁的“坦克”。“坦克”最喜欢的户外活动之一就是进城吃饭，先犒劳一个计划外的冰激凌，然后是正餐6个汉堡，尽管冰激凌和汉堡不在“坦克”的日常食谱上（灰熊从不挑食，在野外它们什么都吃，肉、鱼、浆果甚至昆虫），但“坦克”能够从中体会到家庭成员之间的爱，从它的眼神里。

和谐相处

虽然已经开始“触电”、成星，但毕竟小巴特和糖糖还只有3岁半，在野外，这个年龄的灰熊可能刚刚离开妈妈。由于它们还在继续成长、还需继续学习，因此苏斯一家每天花在它们身上的时间和精力自然要多一些，就连女儿萨莎在帮助父母抚养3头灰熊的同时，也从父母那里学习关于灰熊的知识。她同样“熊缘”不浅。

苏斯与小巴特和糖糖的交流，包括很多激烈的身体接触，所以他必须能控制住它们以避免危险。毕竟这是在人和灰熊之间，小巴特的身体比他重400千克。但是，如女主人在场，小巴特和糖糖便会收敛得多。除了尽情地玩耍，苏斯还要时刻观察它们的情绪变化，对于灰熊来说，付出就要立刻得到回报，否则它们就开始发脾气。有时当糖糖情绪变坏的时候，苏斯与它的感情以及它对苏斯的信任就会显得越发明显，这不仅有赖于与灰熊日常的思想交流，虽然这种交流所需付出的心神比身体接触的强度更大；也基于熊通人性，它们渴望得到你的满意、表扬，和谐是建立在平等、互相尊重基础上的。

对于很多家庭来说，休假意味着收拾行囊、带上孩子驾车到大自然中去。但对于苏斯一家来说，

如果位置颠倒一下，后果将不堪设想

程序则要复杂得多了，但苏斯夫妇认为这些灰熊“孩子”同样需要休假。在犹他州北部海拔2 800米偏远但美丽的山区，苏斯夫妇会让小巴特和糖糖去尽情地体会自然，因为他们相信，经过几年的精心训练，不用担心它们乱跑、惹事儿。在群山之间只有它们自己，从它们的眼神中可以很明显察觉到：它们与人一样喜欢这种感觉。熊的好奇心是与生俱来的，野生环境中它们为了生存必须不断探索食物。所以一到目的地，小巴特和糖糖便开始搜索：它们先在周围找浆果；继而是不停地刨来刨去，一是为满足好奇心，再就是为了磨它们像人的指甲一样不断生长的爪子；接下来苏斯和琳妮找到了最适合的野餐地点，巴特和糖糖也找到了最理想的摔跤场地。和谐的家庭在享受生活。

组图：秩序井然

有时，苏斯夫妇也会将熊留给女儿照看，结伴去“骑士湾”——一片位于加拿大温哥华北部150多千米外的海岸温带雨林。这里曾经是猎人捕杀灰熊的营地，如今已成为灰熊保护地，人们可以在这里观察野生环境下的灰熊。对于苏斯夫妇来说，在这里可以更多地了解灰熊，以便今后更好地抚养小巴特、糖糖和“坦克”。

在鲑鱼产卵季节，会有大量的灰熊来这里赴自己的“感恩节大餐”。从场面上看，灰熊们会各自占据一段河面，劳作、收获；有时合作捕鱼，然后分享战利品，有很强的社会性，但如仔细观察，每一头刚到场的灰熊，都不是把注意力直接集中到鱼上，而是先观察、试探其他在场者，断明自己的社会地位，再去找自己相应的位置。熊们都能有一块属于自己的空间，并都自觉遵守这种空间划分。正因为大家能够互相尊重，所以都可以享用到这条河里的鲑鱼。

在野生状态下，母熊会抚养小熊1年半到3年半，时间长短视母熊自身健康状况以及周边生态系统状态变化而定。带崽儿的母熊每天很早就会来到河边捕鱼，这样可以避免成年公熊可能带来的威胁，后者要到晚上才出现。母熊通常对周围发生的一切都非常敏感，小熊通常会紧贴着妈妈，这样更有安全感。有时母熊也会和其他熊相互结伴、挨在一起进食，那是它已经成年、独立的孩子，一条看不见的特殊情感纽带维系着母子间的感情……

终生难忘

苏斯夫妇总能从这些野生灰熊的身上找到那些在巴特、糖糖和“坦克”身上见到过的特征，然后加以比较。在苏斯夫妇看来：灰熊各个方面都显得很完善，首先是它们的智力，然后是情感，还有力量，它们无愧是大自然的杰作，但人们对它们的了解还很不够。

其乐融融

但有一点出乎苏斯的意料，就是上次相见时珍妮弗能够与小巴特如此之快建立起这么自然的关系，取得小巴特对她的信任。虽然从技术角度上讲，珍妮弗根本都不知道自己在做什么。而对于珍妮弗而言，她记忆最深的是小巴特——那个500千克的大块头接受自己友情的那一刻。而她与灰熊之间这短暂但真挚的心灵交流，使她想到了应该为保护灰熊的栖息地、保护其他野生生物去做些力所能及的事情。

而这，也应是每个人都该想到的。

都市鸮影

近几年，北京猫头鹰的数量激增。在北京猛禽救助中心的收治记录中有60%是猫头鹰，每年大概有200只，而且呈现不断上升趋势。

为什么大量的猫头鹰忽然惊现北京地区？它们隐藏在哪里？记者们从一只新发现的猫头鹰开始，去找寻——

体型最小的红角鸮却只有手掌大小

纵纹腹小鸮个头很小

体型最大的雕鸮身长可以达到60厘米

鸮的种类和习性

位于北京师范大学院内的北京猛禽救助中心，是隶属于国际爱护动物基金会的组织，它的使命就是抢救那些在城市中受伤的猛禽。

在这里兽医告诉记者，最近被送来一只纵纹腹小鸮。全世界共有鸮类135种之多，尽管体型大小不一，它们都被视为猛禽。

猫头鹰，学名鸮。鸮长了一个很大的头，它的面容酷似猫，故而人们俗称其为猫头鹰。它有两只犀利的圆眼睛，有的还长着“耳朵”。它们锋利的爪子能够轻而易举扎进动物的身体、撕破人们的衣服和皮肉。虽然它们比一般鸟个头儿大，但是飞行时一点声音也没有，而且昼伏

组图：这是一种不愿意与人发生亲密接触的鸟类

夜出，像幽灵一样。鸮的叫声凄厉，声音像小孩儿在哭，长久以来人们认为它预示着凶兆，在它出现的地方，灾难会接踵而至。

其实，长耳鸮的头上长的不是耳朵，而是两簇特殊的羽毛；鸮的叫声不好听，是因为它属于进化水平低的鸟种，发声器官比较原始，鸣声比较单调；它们的羽毛上有消声的结构，所以飞行非常地轻盈。

鸮在北京的分布

记者们在猛禽救助中心的北京地图上看到了密密麻麻的标注，那只是见到鸮的地点，而不是鸮的栖息地。一位熟知鸮在北京栖息地的鸟类专家告诉记者，在天坛可以找到鸮。

天坛是明清两代皇帝举行祭天仪式的地方，如今，这里已经成为了一个遍布松柏森林的城市公园。鸮夜晚出去觅食，白天就在这里休息。

现在正好是白天，能找到鸮吗？专家说，不是在每种树上都能找到它们的。天坛南门有个地方叫神厨，有很多生长了几百年的高大柏树，主要是侧柏和线柏，而猫头鹰只愿意选择线柏停靠。因为侧柏枝叶繁茂、枝杈细而且直上直下，鸮不容易钻入，也不能稳当地停住。而线柏枝叶疏密有致，枝条横展，比较结实，鸮能用利爪紧紧抓住树枝，稳稳地停住。记者们在专家的引领下终于发现了藏身于树枝之间的长耳鸮，它体长在30厘米左右，羽毛与松树颜色非常接近。

记者们呼喊、跑动的声音，惊醒了看似熟睡的长耳鸮。其实它一直处于警戒状态，当它敏锐的听觉捕捉到任何可疑的声音后，就会立刻醒来。鸮已经隐蔽得非常好，为什么要保持高度的警觉呢？因为鸮也有天敌。究竟是什么样的天敌能让鸮也无法安眠？

记者们回到猛禽救助中心，工作人员带他们来到一间铁门紧锁的屋子前，一只受伤的鸳昂首挺胸地站在一块鲜肉前，眼睛里流露出一种可怕的威严肃杀之气。鸳和鹰的外貌与习性都非常类似，具有锋利

组图：在松树茂密的树枝中，静止的它们显得非常隐蔽

的爪、敏锐的视力、嗜血的习性，它们面对任何鸟类，都会立于不败之地。

由于鸮是夜猛禽，鹰类是日猛禽。鸮在白昼视力、体力都会大打折扣，而占尽天时的鹰类却得以淋漓尽致地发挥。因此，强弱对比就很悬殊，在这场并不公平的日间搏斗中，鸮毫无胜算。看来，鸮在密集高大的柏树林中栖息，的确是一个安全理想的生存选择。

既然在天坛这样的环

关押它的铁门上标示的是“普通鵟”

境中能找到鵟，那么在北京其他相同的环境中也能找到它的身影吗？答案是肯定的，记者们在故宫的后花园和孔庙也找到了鵟。这些栖息地让记者们好像找到了规律——鵟的栖息地不仅有古老的柏树，附近还一定有古代建筑的分布。专家告诉记者，他们的判断是正确的。

鵟为什么愿意生活在有古树、古典建筑的环境中，这说明了什么？

人类入侵了鵟的家园

北京建都的历史虽然很长，但是鵟早就生活在这里。华北平原是一块宝地，历史上这里林木繁茂，是鵟理想的栖息地。但是，人在这里建立了都市，改变了环境，改变了这里的植被。鵟并不是忽然闯入北京的幽灵，而是人类占了鵟的领地。

近年来，被发现的鵟数量激增，一个原因是人们保护动物的意识增强了，另一个重要原因就是城市生存的环境对于自由来去的猛禽变得越来越险恶。

鵟的飞行速度有时很快，可能会撞到电线，放飞的风筝线也会在它们翅膀和腿上造成勒伤。鸟类研究专家告诉记者，近些年，玻璃外墙建筑发展迅速，对于鸟类来说，那些光彩夺目的玻璃外墙是真正的葬身之地。因为它像镜子一样，树和远处的景象都能映照在里面，鵟经常被欺骗。它误认为那是一个

这些玻璃外墙使原本宽广的天空增加了许多危险

自然的环境，里面有树林，甚至于误认为里面还有一个它的同伴。它就往里飞，一下就能撞断翅膀。骨折，对于鸟类来说，是一个致命的伤害，由于特有的骨骼中空结构，一旦发生断裂，则难以痊愈。如果它飞的速度很快，就可能撞死。

就在这些玻璃外墙大厦的下面，记者们还发现了许多的高压电线。飞行中想歇息的鵟如果能稳稳地只站在一根线上不会有危险。但遇到偶然的情况，比如一阵风刮过没站稳或者落下来的时候爪子一滑，当头、喙或者翅膀碰到另外一根电线，马上就能触电身亡，羽毛和身体都会被烧焦。

林立的高楼，纵横的电线，川流的汽车对于弱小的鸟类来说，城市正在成为一个遍布陷阱的危险之地。

鵟死守家园

作为大型猛禽，面对无所不在的人类，面对这个钢筋混凝土的森林、喧嚣的现代城市，鵟似乎更有理由远离人类，寻找一片自然净土生活，逃离这个令它们伤痕累累的都市。为什么鵟依然在城市的夹缝中，过着低调、不为人知的生活？为什么没有离去？鵟为什么要坚守城市？

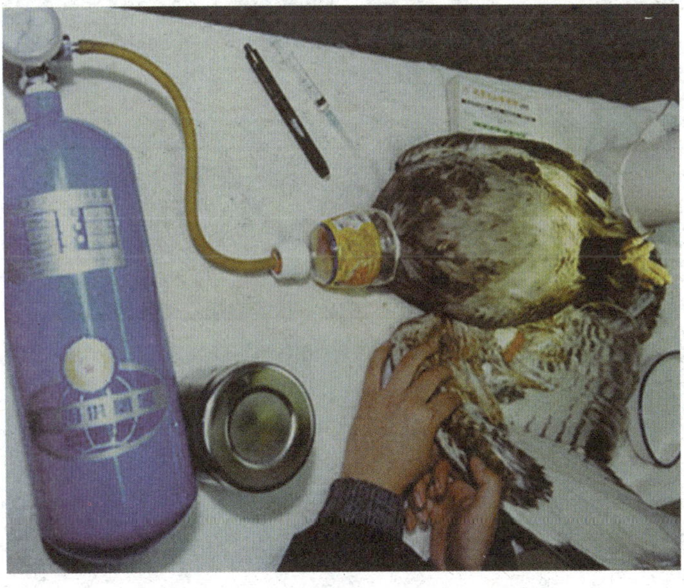
受伤的鵟在接受检查治疗

有研究表明，鵟的食谱中包括老鼠、蝙蝠、麻雀等。记者们欲进一步求证，但始终没有在古建中发现蝙蝠的踪迹，又到天坛柏树林夜拍鵟的捕食行为，也一无所获。专家告诉他们，鵟没有牙齿，只能将猎物囫囵吞下去，猎物的毛和骨头它消化不了，会在嗉囊里形成一个食丸，每天早上都要吐出来。只要找到食丸，就可以看出来它吃的是什么东西。记者们很快找到很多食丸，请专家帮助进行分析，果然在鵟吐出的食丸中找到了麻雀的喙、老鼠的牙齿、蝙蝠的头骨，这是鵟捕食这些动物的证据。同时，根据资料分析，鵟60%的猎物是在城市居留的家鼠，这进一步验证了都市中有大量老鼠存在，这正是鵟坚守城市最重要的原因。

然而，北京每年的春、秋两季都要集中灭鼠，每次的投药量都高达数百吨。一个新的疑问产生了，鵟是否会因误食中毒老鼠

当夜深人静，老鼠穿梭在大街小巷时，空中的一双利爪便随时可能降下

而被杀灭？记者从北京市疾病预防控制中心了解到，目前投放的新型鼠药能够有效地防止其他动物出现二次中毒现象。据猛禽救助中心工作人员介绍，近年来被送来的鸮一般以外伤为主，因中毒送来的越来越少。由此看来，鼠药对鸮的危害并没有想象的那么严重。

又有一个新的问题——随着城市卫生运动的开展，如果老鼠都被消灭干净了，鸮就要面临食物危机了。实际上，鼠类的繁殖能力很强，在人们无法意识到的情况下，鼠、鸮、鹰、人形成了一个相对协调而稳定的生物链。在这里，无论是有害的还是有益的动物都在同一片土地上相依共存，繁衍生息。任何一个物种，它的存在都有道理，因为这是生态的法则和规律。

就在本文即将完成的时候，记者们得到来自北京市猛禽救助中心的消息，一只受伤雕鸮经过工作人员的细心护理，已经达到了放归自然的健康标准。

记者和工作人员按照在哪里被发现，就在哪里放飞的原则，将这只矫健的雕鸮送回大自然

最后的军鸽

战争岁月建奇功；

和平时期创辉煌；

历经数次大裁军，却未动摇其地位；

这是一支怎样的部队，为何有如此特殊的地位？

那就是我国——最后的军鸽部队

翱翔在蓝天的鸽群

在云南省昆明市，有一个叫关上的地方，每天早上，这里都有一群鸽子准时出现在空中，一会儿向远方飞去，一会儿又结队归来，一会儿加速向高空飞行，一会儿又在低空盘旋。不知情的人以为这不过是一群普通的鸽子，其实这是我国目前仅存的一支神秘的军鸽部队。

源自异域

信鸽被大规模用于战争，始于第一次世界大战。那些经受战火洗礼的军鸽，曾经创造出许多惊人的奇迹。在科学技术发展突飞猛进的今天，通信手段已经告别落后的昨天，为何还要保留这些军鸽呢？

让我们走近这支军鸽部队，告诉你他们背后鲜为人知的秘密。

绰号叫“军鸽大王”的陈文广，是我军历史上第一位军鸽副教授，也是昆明军鸽队的创始人之一。这支军鸽队成立之初能够聚集第二次世界大战时期的一些优秀军鸽，与陈文广有着很大的关系。

陈文广在讲述军鸽队的历史

陈文广：因为陈纳德的飞虎队（美军第十四航空队），他带有一批军鸽，在滇缅战场打日本人。抗战胜利，他们回国去了，这批鸽子就丢在了云南。

当年陈纳德的“飞虎队”带来的军鸽，都是一些经过筛选的优秀的品种。那时陈文广的家离飞虎队驻地很近，陈文广6岁起就迷上鸽子，美军撤离时，他和一些鸽子爱好者，就零零星星地将那些被遗弃的鸽子收养了起来，总共有200只左右。

1950年，我军开始组建军鸽部队，每个大军区各一支，全军共11支。看到在自己家门口组建的昆明军鸽队，陈文广便写信请求带着收养的第二次世界大战时那些军鸽参军。没想到，他的请求居然得到了批准，成了带鸽参军的特殊士兵。而那些"特招"入伍的军鸽也成为昆明军鸽队的元老。

陈文广和一起入伍的鸽子

陈文广从此有了自己的新天地，在和鸽子朝夕相处的日子里，他想出了许多好办法，比如用旗语来训练军鸽，收到十分显著的效果。

就像军队每天要出早操一样，军鸽也要进行早操飞行训练。郑洲是昆明军鸽队的战士，也是陈文广的学生。每天早上，他都和战友一起进行军鸽的早操训练。

郑洲：一开始，鸽子飞行的时间不长，一般飞几十分钟，半个小时左右，然后逐步增加，能够每天飞行三四个小时以上，就达到我们的要求了。

长时间的飞行训练，目的是为了锻炼军鸽的体力，以适应战争中长距离飞行的需要。我们看到，郑洲不停地挥舞手中的红旗，是在向军鸽发出强制性飞行的指令。

但是，鸽子怎么会听从旗子的指挥呢？

郑洲：鸽子天生害怕红颜色，一见到红颜色就会飞走，所以，我们利用这个原理，赶着它，强制它在空中飞行，不让它落下来。

当训练时间达到要求时，郑洲便在鸽巢插上黄颜色的旗子，告诉鸽子可以自由活动了。这时，鸽子便会停下来休息。到了军鸽进食的时间，再插上绿色的旗子，告诉鸽子开饭了。对于鸽子来说，绿色是安全的，看到绿色旗子它们意识到可以归巢了。

郑洲：这个就是要比较长时间，天天训练，看情况该插红旗时就插红旗，该插黄旗时就插黄旗，该插绿旗时，就必须把食物准备好。

陈文广发明的用旗语训练军鸽的方法，一直沿用至今

鸽子的归巢性非常强，这是它们先天的本能。鸽子的祖先为了生存，总是避开天敌鹰隼经常出没的地方，把巢筑在悬崖峭壁上，或者栖息在密林中。为繁衍后代，哺育儿女，常常成群结队地早出觅食，晚上归巢。对它们来说，家是最好的，到了任何生疏的地方，都会感到不安心、不习惯、不理想和不安全。即使把鸽子放到它生疏的地方，"囚禁"驯养几个月后，一旦鸽子获得自由，仍然会竭尽全力以最快的速度飞回老巢。人们正是利用鸽子这种强烈的归巢欲，训练它们成为信鸽，成为军鸽。

昆明军鸽队培养的军鸽大多数都分配到边防部队，然而，军鸽放飞后经常会丢失。这究竟是为什么呢？

原来军鸽遇到了它的天敌老鹰。老鹰的俯冲速度是军鸽的2倍，军鸽一旦遭到老鹰攻击，几乎无法逃脱。如何保护军鸽的安全呢？

陈文广：军鸽队成立时，最初学习苏联那一套，配猎枪，用猎枪保护鸽子执行任务。

用猎枪来保护鸽子执行任务，那还不如用人直接送信。陈文广考虑，能不能让军鸽学会躲避鹰的袭击呢？他观察发现，鹰的俯冲速度很快，但上升的速度比较慢，相反，鸽子上升速度很快。老鹰来了，如果军鸽不降落，反而向上继续飞行，情况又会怎样呢？

陈文广：我们一发现有鹰来袭击，就强制鸽子飞。不让它降落。头一两次，鸽子很反感，后来情况就有了好转。加上条件反射，鹰来俯冲袭击，鸽子"哗"就闪开。有个别胆小鬼往下飞，飞到鹰的路径上，就让鹰给抓住。闪开的那些，就扶摇直上，飞高。要是鹰抓不到鸽子，重新飞起来，到一定高度再俯冲去抓，我们的鸽子已经远走高飞了。就是这样不断地训练培养，我们的鸽子就有防鹰本领了。

一枝独秀

20世纪60年代，鸽子在我国被作为资产阶级的产物遭到禁养，军鸽也不例外。因为军鸽特殊的身份和地位，自然更加受人瞩目。那么，军鸽的命运将会如何呢？

昆明军区司令员秦基伟极力主张保留昆明军鸽队。早在抗美援朝战争时期，这位志愿军15军军长在战场上曾经捕到美国的军鸽，深知军鸽的重要作用。后来，经过多方努力，其他军区的军鸽队遭到解散，唯有这支军鸽队被保留下来了。

正是这次保留，军鸽队又迎来了新的辉煌

陈文广：20世纪60年代末期，"文革"开始，信鸽活动停止了，全国20多个地方信鸽协会解散了，他们就把所有在比赛中获得冠军的优秀鸽子，全部交给了我们军鸽队。

昆明军鸽队的保留，等于保留了军鸽的优秀品种。借助这些优秀的鸽种，经过几十年的努力，如今，军鸽队已经繁育和训练出了许多优秀的军鸽品系。这是军鸽队的一笔巨大财富，也是军鸽队的特殊贡献。文化大革命后，信鸽活动得到了恢复。军鸽应邀参加地方举办的比赛，取得了优异的成绩。

军鸽队培育的种鸽

参加地方信鸽比赛取得好成绩固然可喜，但对军鸽来说，最终目的是通过多种途径检验训练成果，力争在战争中百分之百地完成任务。为达到这个要求，陈文广将自己的实践经验总结为五个字，即"种、配、养、训、用"。具体来说，就是把选种、配种、饲养、训练、使用等五个方面紧密结合起来，才能培养出一只合格的军鸽。

陈文广：这五项，一项不能少。

生死考验

20世纪70年代，昆明军鸽队曾经奉命参加过一项绝密任务。

陈文广：总参调我们军鸽队去搞，调50只鸽子去，去了两个教员，到北京。

到了北京，陈文广才知道，我国要进行一次氢弹爆炸试验，要他们派鸽子去新疆罗布泊进行一次生死穿越，看鸽子能否穿越核爆炸的污染地带。

氢弹爆炸产生的巨大能量，足以摧毁靠近它的一切。核武器试验是一种综合性试验，这次派军鸽队参加，就是检验在原子战争的条件下，军鸽能否执行任务。

试验要求，军鸽要从距离爆炸中心50千米处起飞，穿越蘑菇云，到达距爆炸中心另一端50千米的鸽巢。

当氢弹爆炸、军鸽放飞时，人们无不为这些无言战友捏一把汗。

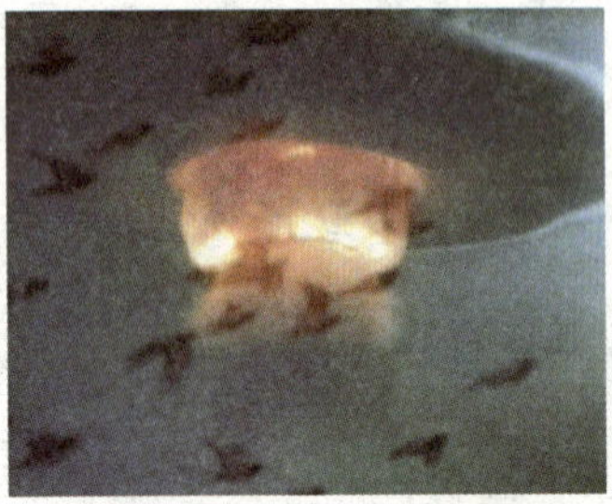

飞越蘑菇云

陈文广：冲击波过来，把我们人打翻了，声音才到。半个小时后，鸽子回来了45只，还差5只。

失踪5只鸽子，不仅丢失了优秀的鸽子，而且说明这5只鸽子没有完全完成任务。每个人心里都不好受，然而，就在他们完成实验回到昆明时，却惊喜地发现，这5只鸽子居然已经从罗布泊飞回了昆明。

陈文广：没想到。我们认为失踪了。原来在西北基地吃盐碱水，鸽子不适应，想往回飞，穿越核爆区后，又受到惊吓，不回基地了，直接拼命飞回昆明老家。

至此，50只军鸽顺利穿越蘑菇云，出色地完成了一个看似不可能完成的任务。

从罗布泊到昆明是2750千米的超远距离，军鸽是如何飞回来的呢？

回家，这是鸽子出去以后最终要做的，所以它们飞回来了。其实，支持它们长途飞行的，还有一套精确的导航技术。

科学试验表明，鸽子体内有一架精确的生物钟，它能够感受地球的磁场；它有良好的视力，能够看到紫外线和极光；它有超凡的听力，能够听到超声波，有的科学家甚至相信鸽子能听到千里之外风吹过群山的声响。

从罗布泊到昆明，军鸽要穿越塔克拉玛干沙漠、昆仑山、青藏高原和祁连山，我们相信，是它们坚强的毅力，帮助它们完成这一传奇的飞越，这份纪录至今仍没有被打破。

如今，昆明军鸽队的军鸽一如既往地翱翔在天空。时代在发展，不管军鸽队是否会继续存在下去，但不容置疑的是，曾经创造辉煌的军鸽，将永远赢得人们的尊敬和怀念。

新一代的军鸽正在放飞